变形监测信息系统
开发及在建筑结构中的应用

◉ 陈明志　等著

化学工业出版社
·北京·

内容简介

本书介绍了作者团队多年研究设计出的一套实用的变形信息技术监测系统，介绍了该系统所使用的理论基础及设备；阐述了该系统总体架构、软件设计及数据处理流程等技术；描述了如何利用多种建筑结构模型变形试验来验证其科学性及有效性，以及如何将该系统应用于高楼、桥梁及各种不规则结构的娱乐或体育设施的实际变形监测试验；为了提高该系统的适用范围，又将如何使用手机、无人机等作为变形信息采集设备应用于该系统进行了真实记录描述。

本书还介绍了该系统进行市场推广的尝试，希望本书能够为致力于从事科研创新的工作人员提供经验借鉴，也可以给建筑物安全监测有需求的用户提供启示和帮助。

图书在版编目（CIP）数据

变形监测信息系统开发及在建筑结构中的应用／陈明志等著．—北京：化学工业出版社，2022.1

ISBN 978-7-122-40252-3

Ⅰ．①变…　Ⅱ．①陈…　Ⅲ．①建筑结构-变形观测-监测系统　Ⅳ．①TU196-39

中国版本图书馆CIP数据核字（2021）第226718号

责任编辑：张海丽　张兴辉

责任校对：宋　玮　　　　装帧设计：韩　飞

出版发行：化学工业出版社（北京市东城区青年湖南街13号　邮政编码100011）

印　　装：北京建宏印刷有限公司

710mm×1000mm　1/16　印张$13\frac{1}{2}$　字数231千字　2022年2月北京第1版第1次印刷

购书咨询：010-64518888　　　　售后服务：010-64518899

网　　址：http：//www.cip.com.cn

凡购买本书，如有缺损质量问题，本社销售中心负责调换。

定　　价：89.00元

前　言

安全——是我们人类永恒的主题，防范建筑工程由于变形带来的潜在危机，人类需要的不仅是灾难过后的紧急救援，更需要灾难来临之前的预测和防范。

建筑结构因各种外力作用会产生变形，如果建筑工程质量不符合标准，或者有超负荷外力作用，会产生破坏性变形，造成巨大财产损失及人身伤害。如果能够利用变形信息监测技术监测到建筑结构微小的动态变形，或者非正常变形趋势，及时预警，就可以及早防范，避免灾难发生。

我们研究多年，设计出了一套实用的变形监测信息系统。该系统采用数字近景摄影测量原理，校正原始数学模型，采用数码相机代替专业测量相机，并解决其没有方位坐标的难题；自主研发的图像解析软件能将现场采集的图像数据及时传入计算机，经过数据处理，可及时出具变形数据的直观曲线图及分析报告，实现内外作业一体化及全天候实时监测，大大简化了作业流程；可用于任何建筑工程的变形监测，为该行业带来了更高效、更便捷的方法。变形监测信息系统经过大量实验室测试，通过对各种结构模型施加外力使其变形，并按照系统监测流程进行试验，来验证这一方法的科学性，多次基础性试验均可证实这一方法是高效的和科学的。在此基础上，我们对高楼、桥梁、不规则结构体育场馆及娱乐场馆等进行了验证性变形监测应用，均取得了良好的效果。

我们还在设备及系统更新上不断突破，尝试使用手机、无人机等更灵活实用的设备，提高系统的处理能力及速度，使得该系统更加亲民，在早日实现市场化方面不断创新。

本专著将这一系列工作整理记录下来，希望能够给致力于科研创新的工作人员一些经验借鉴。

本书成果是由作者所在的科研团队多年积累的理论及实践经验所得，

于承新教授是这一变形监测信息系统的创始人及主要完成者，前期大多数试验项目均由于承新教授带领大家共同完成，并取得了多项科研奖项。在编写本书的过程中，于承新教授在撰写思路、理论及技术等方面都给予了极大的帮助；肖鹏老师在试验数据采集、文字编写等方面做了大量工作；张国建老师在试验安排、数据处理等方面做了大量工作；硕士研究生葛永泉在智能手机及无人机试验设计、实施、数据处理等方面做了较多工作。感谢这些老师和同学的帮助。

由于本书所涉及的试验较多，大量的试验场地、试验准备及试验数据，在真实再现及描述过程中比较琐碎。另外由于笔者水平有限，时间仓促，书中疏漏之处在所难免，恳请各位专家、读者批评指正。

著者

目　录

设计及试验篇

案例篇

智能手机及无人机应用篇

市场化篇

设计及试验篇

第一章

变形监测的目的及意义

近几十年来，各种新型建筑工程层出不穷，由于各种人为的、自然的原因导致的工程事故逐渐增多，如桥梁垮塌、楼梯歪斜、钢结构坍塌、建筑支撑结构散架等，由此给人们造成的物质及精神的伤害是难以估量的。怎样才能减少灾难的发生？灾难前的预警比灾后救援更重要！建筑物坍塌事故除了极恶劣外力作用外，都是一个长期积累的不可恢复受力变形所致，所以，监测建筑物动态变形来预防事故发生，是一个非常好的办法。

1.1 桥梁安全事故

国内外桥梁坍塌事故频繁，中国内地至少有18座桥梁坍塌，而事故调查结果均与货车超载、超限、自然灾害、基础施工不符合规定、受力不均、安全隐患等问题有关。

国外事故

2018年8月14日中午11点半左右，意大利城市热那亚A10高速公路上一架高架桥倒塌。垮塌的大桥砸向桥下的铁轨，桥上的轿车和卡车也一并坠落（图1-1）。当时桥上有十余辆汽车，遇难人数43人。

国内事故

① 2019年6月24日，河南省郑州市北四环一座高架桥在施工过程中突

图 1-1　A10 高速公路桥垮塌事故

然坍塌，现场钢筋、碎石散落一地（图 1-2）。

图 1-2　郑州市北四环在建的高架桥发生垮塌。

② 2018 年 7 月 27 日晚 9 点 45 分，四川省眉山市彭山区岷江大桥发生部分垮塌（图 1-3）。

图 1-3　岷江大桥部分垮塌

1.2 高层建筑安全事故

城市化进程的加速，城市中高层建筑越来越多，高层建筑坍塌事故造成的生命财产损失触目惊心。

国外事故

当地时间2021年6月24日，美国佛罗里达州迈阿密戴德县瑟夫赛德镇发生一起住宅楼局部坍塌事故（图1-4）。事故楼房共有136套住房，其中55套在坍塌中损毁，事故迄今确认至少97人遇难。

图1-4 美国迈阿密公寓倒塌事故

国内事故

2009年6月27日清晨5时30分左右，上海市闵行区莲花南路、罗阳路口西侧莲花河畔景苑小区，一栋在建的13层住宅楼全部倒塌（图1-5），造成1名工人死亡。

图 1-5　上海楼房倒塌事故

1.3　不规则结构安全事故

随着人们生活质量不断提高，各种不规则形状体育场所、娱乐设施不断涌现，人们享受着美好生活的同时，危险也从未远离。

国外事故

2020 年初，俄罗斯 25000 平方米体育馆突然坍塌（图 1-6）。体育馆出事的时候，几名工人正在体育馆的屋顶切除上面的钢筋结构，未能及时逃生，不幸被埋废墟。

图 1-6　俄罗斯体育馆坍塌

国内事故

2019 年 7 月，位于深圳市福田区笋岗路的深圳市体育中心内正在进行拆除作业的项目，现场突然发生倾倒坍塌事故（图 1-7），4 名施工人员被困在废墟中。

图 1-7 深圳体育馆发生坍塌

1.4 其他安全隐患

各种结构建筑坍塌事故举不胜举，还有一些室内事故，如物流货架坍塌，游乐设施坍塌，以及在施工过程中脚手架、塔吊等也会出现因变形而带来的安全事故（图 1-8）。根据安全生产监督管理局每周安全生产简况统计，2013 年我国建筑施工严重安全事故共 85 起。

图 1-8 各种类型坍塌事故

1.5 政策环境

在政策因素中，政府对建筑变形测量行业的宏观管理政策无疑直接地发挥着重要的作用。我国建设部1997年首次发布《建筑变形测量规程》（编号JGJ/T 8—97），现今执行的是2007年发布、2011年复审的版本（编号JGJ8—2007）。在此期间，政府相关部门在广泛调查研究、认真总结实践经验、参考国外现今标准的基础上，对《建筑变形测量规程》进行多次修改，不断完善提升行业标准，体现了国家对于建筑质量安全的重视。这一举措将大大改善了建筑变形测量市场良莠不齐的局面，促进行业有序化竞争。国家住房和城乡建设部在2010年颁发的《城市轨道交通工程安全质量管理暂行办法》第十二条中明确规定，建设单位应当委托工程监测单位和质量监测单位进行第三方监测和质量检测。在国家《公路养护技术规范》（JTJ）H10—2009中，对桥梁运营期间的变形监测工作也提出了具体要求。

加强建筑工程安全监测，提高安全监测质量，强调动态安全监测是必要的。例如，根据济南市桥梁总体技术状况和养护资金落实情况，济南市的中小型桥梁常规检测每年一次；大型立交桥及高架路的检测以三年为一个周期；特殊结构的重点桥梁如双曲拱桥、系杆拱桥等，则根据每座桥梁运行状况适当缩短检测周期。

对建筑变形测量项目，应根据所需测定的变形类型、精度要求和现场作业条件来选择相应的观测方法。一个项目中可组合多种观测方法。对有特殊要求的变形测量项目，可同时选择多种观测方法相互校验。

——《建筑变形测量规范》（JGJ8—2016）

建筑在施工期间的变形测量应符合下列规定：

① 对各类建筑，应进行沉降观测，宜进行场地沉降观测、地基土分层沉降观测和斜坡位移观测。

② 对基坑工程，应进行基坑及其支护结构变形观测和周边环境变形观测；对一级基坑，应进行基坑回弹观测。

③ 对高层和超高层建筑，应进行倾斜观测。

④ 当建筑出现裂缝时，应进行裂缝观测。

⑤ 建筑施工需要时，应进行其他类型的变形观测。

——《建筑变形测量规范》（JGJ8—2016）

建筑在使用期间的变形测量应符合下列规定：

① 对各类建筑，应进行沉降观测。

② 对高层、超高层建筑及高耸构筑物，应进行水平位移观测、倾斜观测。

③ 对超高层建筑，应进行挠度观测、日照变形观测、风振变形观测。

④ 对市政桥梁、博览（展览）馆及体育场馆等大跨度建筑，应进行挠度观测、风振变形观测。

⑤ 对隧道、涵洞等，应进行收敛变形观测。

⑥ 当建筑出现裂缝时，应进行裂缝观测。

⑦ 当建筑运营对周边环境产生影响时，应进行周边环境变形观测。

⑧ 对超高层建筑、大跨度建筑、异型建筑以及地下公共设施、涵洞、桥隧等大型市政基础设施，宜进行结构健康监测。

⑨ 建筑运营管理需要时，应进行其他类型的变形观测。

——《建筑变形测量规范》（JGJ8—2016）

1.6 行业分析

1.6.1 行业现状——建筑安全监测

建筑业是国民经济的重要物质生产部门，它与整个国家经济的发展、人民生活的改善有着密切的关系。中国正处于从低收入国家向中等收入国家发展的过渡阶段，建筑业的增长速度很快，对国民经济增长的贡献也很大。根据中国固定资产投资的状况，2015 年建筑业总产值超过 100000 亿元，年均增长 6.8%，建筑业增加值将达到 17000 亿元以上，年均增长 7.7%，占国内生产总值的 7%左右。建筑业的迅速发展，对于建筑质量安全的需求会增多，对于建筑质量安全要求更加严格。

对于上述问题我们也无法给出明确的答案，但不论这些事故发生的原因是什么，我们所能够做的就是在悲剧发生之前对建筑进行体检式的检查，发现隐患，消除隐患，在一定程度上避免上述悲剧的发生。

1.6.2　行业技术

传统的测量方法无法完成对结构瞬间变形的捕捉，难以实现瞬间变形监测，而且采用传统的方法进行长期变形跟踪观测，成本昂贵。近年来，数字图像采集设备普及，以及信息技术的发展与应用，使瞬间捕捉、实时、长期、多点、低成本跟踪变形观测成为可能，实时获取数字影像并传输到计算机中进行图像处理，形成了影像获取和数据处理及成果显示的一体化。在方法上经略微改进即可实行长期跟踪变形监测，在生产中应用可以节省大量的人力物力，产生良好的社会和经济效益。利用数字图像采集设备进行瞬间变形的高精度、实时、全天候以及长期监测，对预防工程建设中可能出现的危险以及预警有极大的实际意义。

1.6.3　第三方监测现状

目前，国际第三方监测市场的发展相对成熟，加拿大测绘院等第三方工程监测机构已形成完善的商业模式。国内为完善建筑工程监管机制，与国际市场接轨，逐步有计划地放开第三方监测市场是必然趋势。变形监测技术及市场成熟会对表 1-1 所示的市场产生积极作用。

表 1-1　工程项目市场细分表

工程项目	项目细分
桥梁	大型桥梁、特殊结构桥梁、中小型桥梁
高层建筑	高层住宅建筑、高层公共建筑
其他工程	风力发电机、油罐群、大型工程

① 桥梁：桥梁的建设与维护是国家基础设施建设的重要组成部分。桥梁的维护管理对桥梁本身的安全、对确保车辆行车安全、对市民出行以及生命财产的安全都具有十分重要的意义。对于桥梁监测的项目可细分为大型桥梁监测、特殊结构桥梁监测以及中小型桥梁监测。

② 高层建筑：在工程建筑的建设中，从高层建筑的工程施工到竣工，以及建成后的运营期间，都要不断地对工程建筑物进行监测，以便掌握工程建筑物变形的一般规律，及时发现问题、及时分析原因、采取措施，保障工程建筑的安全。对于高层建筑监测，可细分为高层住宅建筑以及高层公共建筑。

③ 其他工程设施：如大型娱乐设施、油罐群、风力发电设施等，这些也都是需要变形监测的设施。动态监测技术虽然不能够排除其中所有发生事故的可能性，但是因为设施本身存在质量问题或者设备老化等情况而导致的事故，动态监测技术可以将其发生的可能性降到最低。

第二章

变形监测相关理论

2.1 变形概述

2.1.1 变形概念

变形是自然界的普遍现象，它是指变形体在各种荷载作用下，其形状、大小及位置在时空域中的变化。自然界的变形危害现象时刻都在我们周边发生着，如地震、滑坡、岩崩、地表沉陷、火山爆发等，桥梁、建筑物及精密设备都有可能随时间的推移发生沉降、位移、挠曲、倾斜及裂缝等现象，这些现象统称为变形。物体的变形在一定范围内被认为是允许的，如果超过了规定的限度，就会影响建筑物的正常使用，严重时则可能引发灾难，危及建筑物的安全和人民生命财产的安全。因此，在工程建筑物的施工、使用和运营期间，必须对它们进行必要的变形监测。

变形产生的原因：

① 自然条件及其变化：建筑物地基的工程地质、水文地质、大气温度的变化，以及相邻建筑物的影响等。例如，由于地基下的地质条件不同会引起建筑物的不均匀沉降，使其产生倾斜或裂缝；由于温度和地下水位的季节性和周期性的变化，引起建筑物的规律性变形；新建的相邻大型建筑物改变了原有建筑物周边的土壤平衡，使地面产生不均匀沉降，甚至出现地面裂缝，从而给原有建筑物造成危害等。

② 与建筑物本身相关的原因：如建筑物本身的荷重，建筑物的结构、

形式，动荷载的作用，工艺设备的重量等。

此外，由于勘测、设计、施工以及运营管理方面的工作缺陷，也会引起建筑物产生额外变形。通常，这些大型建筑物变形的原因都是互相联系的，并贯穿于建筑物的施工和运营管理阶段。

2.1.2 变形监测的内容、意义及方法

变形监测又称为变形测量或者变形观测，就是利用测量仪器对变形体的变形现象进行监视、观测的工作。变形监测是大地测量和防灾减灾领域的课题，它是对被监视的对象或物体（简称变形体）进行测量以确定其空间位置随时间变化的特征。变形监测的目的，主要是获得变形体的变形数据，以研究变形体的空间状态与时间特性，并对建筑物的变形原因做出科学解释。

在所要监测的变形体上布设变形点，在变形区影响范围之外的稳定地点设置参考点和监测站，用高精度测量仪器定期监测变形体的形变情况，是一种行之有效的监测方法。变形监测和变形分析具有实用层面和科学层面两方面的意义。实用上，通过施工建设期间和运营管理期间的变形监测，可以获得变形体的空间状态和时间特性，并据此指导施工和运营，可及时发现问题并采取工程措施，以确保施工质量和运营安全。科学上，通过对变形监测资料进行严密的数据处理，做出变形体变形的几何分析和物理解释，更好地理解变形机理，可验证有关的工程设计理论和变形体变形的模型假设，以改进现行的工程设计理论。

变形监测的内容主要包括：

（1）工业与民用建筑物

主要包括基础的沉陷观测与建筑物本身的变形观测。就其基础而言，主要观测内容是建筑物的均匀沉陷与不均匀沉陷；对于建筑物本身来说，则主要是观测倾斜与裂缝；对于高层和高耸建筑物，还应对其动态变形（主要为振动的幅值、频率和扭转）进行观测；对于工业企业、科学试验设施与军事设施中的各种工艺设备、导轨等，其主要观测内容是水平位移和垂直位移。

（2）水工建筑物

对于土坝，其观测项目主要为水平位移、垂直位移、渗透以及裂缝观

测。对于混凝土坝，以混凝土重力坝为例，由于水压力、外界温度变化、坝体自重等因素的作用，其观测项目主要为垂直位移（从而可以求得基础与坝体的转动）、水平位移（从而可以求得坝体的扭曲）以及伸缩缝的观测，这些内容通常称为外部变形观测。此外，为了了解混凝土内部的情况，还应对混凝土应力、钢筋应力、温度等进行观测，这些内容通常称为内部观测。

（3）地面沉降

对于建立在江河下游冲积层上的城市，由于工业用水需要大量地吸取地下水，从而影响地下土层的结构，使地面发生沉降现象；对于地下采矿地区，由于在地下大量的采掘，也会使地表发生沉降现象。这种沉降现象严重的城市地区，暴雨以后会发生大面积的积水，影响仓库的使用与居民的生活，有时甚至造成地下管线的破坏，危及建筑物的安全。因此，必须定期地进行观测，掌握其沉降与回升的规律，以便采取防护措施。对于这些地区主要应进行地表沉降观测。

变形监测的主要任务是周期性地对拟定的监测点进行重复观测，求得其在两个观测周期间的变化量；或采用自动遥测记录仪监测建筑物的瞬时变形。变形监测的具体方法，则要根据建筑物的性质、观测精度、周围的环境以及对监测的要求来选定。

2.1.3　变形分析的内涵

人们对自然界现象的观察，总是对有变化、无规律的部分感兴趣，而对无变化、规律性很强的部分反映则比较平淡。如何从平静中找出变化，从变化中找出规律，由规律预测未来，这是人们认识事物、认识世界的常规思维过程。变化越多、反应越快，系统越复杂，这就导致了非线性系统的产生。人的思维实际是非线性的，而不是线性的，不是对表面现象的简单反应，而是透过现象看本质，从杂乱无章中找出其内在规律性，然后遵循规律办事。变形分析的内涵就是从错综复杂的变形现象中找出其内在规律性。

变形分析的研究内容涉及变形数据处理与分析、变形物理解释和变形预报的各个方面，通常将其划为两部分：①变形的几何分析；②变形的物理解释。变形的几何分析是对变形体的形状和大小的变形做几何描述，其任务在于描述变形体变形的空间状态和时间特性。变形的物理解释是确定变形体的变形和变形原因之间的关系，解释变形的原因。

2.1.4 变形分析研究的发展趋势

根据人们在变形分析方面所取得的大量实践及研究成果，展望变形分析研究的未来，其发展趋势将主要体现在如下几个方面。

① 数据处理与分析将向自动化、智能化、系统化、网络化方向发展，更注重时空模型和时频分析（尤其是动态分析）的研究，数字信号处理技术将会得到更好的应用。

② 加强对各种方法和模型的实用性研究，变形监测系统软件的开发不会局限于某一固定模式，随着变形监测技术的发展，变形分析的新方法研究将不断涌现。

③ 由于变形体变形不确定性和错综复杂性，对它的进一步研究呼唤着新的思维方式和方法。

④ 几何变形分析和物理解释的综合研究将深入发展，以知识库、方法库、数据库和多媒体库为主体的安全监测专家系统的建立是未来发展的方向，变形的非线性系统问题将是一个长期研究的课题。

2.2 数字图像采集方式的近景摄影测量理论研究

2.2.1 近景摄影测量方法

摄影测量是一门通过分析记录在胶片或电子载体上的影像，来确定被测物体的位置、大小和形状的科学。它包括很多分支学科，如航空摄影测量、航天摄影测量和近景摄影测量等。

近景摄影测量是指测量范围小于100m、相机布设在物体附近的摄影测量。它经历了从模拟、解析到数字方法的变革，硬件也从胶片相机发展到数码相机。

数字近景摄影测量技术（digital close range photogrammetry）是针对300m范围内目标所获取的近景图像，通过数据采集或自动相关来获取物体三维信息。数字近景摄影测量是基于数字影像和摄影测量的基本原理，应用计算机技术、数字影像处理、影像匹配、模式识别等多学科的理论与方法，提取所摄对象以数字方式表达的几何与物理信息的一门技术。

数字近景摄影测量技术的步骤包括如下。

① 选取与变形体距离适宜的多个监测摄站的位置，在摄影站点上利用三脚架布置固定数码相机，确定好相机所摄范围，保证相机在拍摄变形过程中没有位移。

② 在变形体上选取最能反映其形变大小与裂缝发展过程的几个重要变形点，在其上粘贴变形标志；在变形区域控制范围外左右相对位置选取固定物体，在其上合适高度粘贴参考标志。

③ 利用钢尺精密测出每两个参考点之间的距离，作为基线距离以备数据处理时用。利用钢尺测出变形体与数码相机摄影站点之间的距离。

④ 拍摄人员到位，同时拍摄第一张未加任何荷载时的零相片作为基准参考相片。

⑤ 对变形体逐级施加荷载，在荷载施加过程中每变化一次荷载，所有相机同时拍摄一张相片，并记录下相片拍摄时间。

⑥ 在荷载施加完毕时，拍摄一张结束相片。

⑦ 将所拍摄相片进行处理，由 JPG 格式转化为 24 位位图的 BMP 格式并保存。

⑧ 由图像处理软件将 BMP 格式相片按照一定顺序点选参考点与变形点点位，并转化成 LCP 格式保存。

⑨ 输入基线数据与荷载数据，利用时间基线视差法生成最终的变形结果图。

⑩ 对变形结果图进行分析研究，反算变形体在受震动作用下变形发展情况。

本书所要重点论述的就是使用数码相机、智能手机、摄影无人机等数字图像采集设备代替传统专业数字近景摄影测量设备进行变形信息监测的系统，从而可以将变形图像采集、录入、处理、出图等内外作业一体化完成，使得该系统能很好地为非专业人士使用，并具有更好的市场推广价值。变形监测信息系统在开发与设计阶段主要是以数码相机为图像采集设备，所以以下原理及试验都是基于这个基础进行的。

2.2.2　数码相机及其校正

传统的空间摄影测量采用胶片相机，这种测量专用相机制造精密，价格昂贵，可以精确地测定其内方位元素（内方位元素是描述摄影中心与相片之间相关位置的参数，包括三个参数，即摄影中心 S 到相片的垂距（主距）f 及像主点在相框标坐标系中的坐标（x_0，y_0）。而在数字时代，普通数码相机并不是专门为摄影测量设计的，它没有准确测定内方位元素的设施或者提供相关的数据，透镜组的排列并没有进行严格的校正，也没有框标及定向设备，摄影瞬间的内、外方位元素的初始值是无法得到的，往往有畸变差等光学缺陷存在。因此，在进行数字近景摄影测量前，必须要对数码相机的畸变差进行严格的检测与校正。

数码相机，是一种利用电子传感器把光学影像转换成电子数据的照相机。相机的成像过程是把一张相片聚焦在线阵或者面阵上，线阵或者面阵进一步用马达驱动来扫描相片，从而获得数字化的影像。数码相机校正的目的是恢复每张影像元素的正确形状，即借内方位元素恢复摄影中心与相片间的相对关系。为了恢复正确的成像原理，必须已知相机的内方位元素和各项畸变系数。这个过程叫作数码相机的畸变校正，对于提高数字近景摄影测量的精度起着关键的作用。

数码相机监测需要考虑的指标有光学物镜的质量、像素的分辨率。通常“像素量”是衡量数码相机成像质量很重要的指标，它是输出或输入影像分辨率的体现，也是判断数码影像质量的主要标准。此外，数码相机的CCD感应器的结构、面积大小、所采用的影像存储方式和所用软件的性能等，也都与其成像质量有关。因此，CCD传感器各感光元（像素）排列的整齐划一，以及传感器表面的平整度，对摄影测量成果的质量也是非常重要。在选择使用何种数码相机时，应在满足高分辨率的前提下，综合考虑其各项性能指标。

数码相机可拍摄黑白、彩色影像，也可连续拍摄动画影像，对于变形监测而言，通常选择黑白影像，以利于标志的自动识别，简化图像处理。

2.2.3 数码相机误差分析

数码相机的误差不仅可能由光学透镜镜头的畸变差和机械误差引起，还可能由视频信号的模/数转换产生，它们分别被称为光学误差、机械误差和电学误差。

光学误差主要是指光学畸变差，即由摄影机物镜系统在设计、制作和装配过程中的误差所引起的像点偏离其正确成像位置的点位误差，它是影响像点坐标质量的一个重要误差。

光学畸变差包括了径向畸变差和离心畸变差两类。径向畸变差使像素点沿径向方向偏离其准确位置，一般是由于镜头形状缺陷引起的，它只与像点离主点的距离有关，可分为桶形畸变和枕形畸变两类；而离心畸变差是由于镜头的光学中心和几何中心不一致引起的误差，它使得成像点沿着径向方向和垂直于径向方向都偏离其正确位置。

机械误差是指在光学镜头摄取的影像转化到数字化阵列影像这一步产生的误差。这项误差又是由以下两个因素引起的。

① 扫描阵列不平行于光学影像，致使数字化影像相对于光学影像有旋转。

② 每个阵列元素的尺寸不同而产生不均匀变形。

电学误差主要包括行同步误差、场同步误差与采样误差。行同步误差是指视频信号转化时影像每行开头处的同步信号产生的错动现象。场同步误差是指影像奇数行与偶数行间的错位。采样误差是指由于时钟频率不稳定引起的采样间隔误差。

光学误差、机械误差和电学误差三方面构成了数码相机的误差，在这里我们针对误差影像较大的光学误差进行分析。比较适用于数码相机的解算方法有直接线性变换法和时间基线视差法。其中，传统的时间基线视差法主要用于测量物体的二维平面位移，该方法有一定的局限性，我们还可以进一步采用三维时间基线视差法对其进行误差处理。下面就是关于几种误差处理方法的阐述。

2.2.4 数码相机校正的数学原理

2.2.4.1 直接线性变换 (DLT) 检定法

直接线性变换检定法是一种在实验室和现场检定中均可使用的方法，其检定方案有几种。本小节使用的检定方法是，利用室内测试场地的 8 个以上合理分布的控制点，以直接线性变换为基本公式，视控制点坐标为带权观测值，并以 L 系数间的相关式作为制约条件，采用附有条件的间接平差法进行解算。

按假定条件，直接线性变换公式为：

$$\begin{cases} x-\dfrac{L_1X+L_2Y+L_3Z+L_4}{L_9X+L_{10}Y+L_{11}Z+1}=0 \\ z-\dfrac{L_5X+L_6Y+L_7Z+L_8}{L_9X+L_{10}Y+L_{11}Z+1}=0 \end{cases} \tag{2-1}$$

这里的 x 、z 应是排除了各项误差后的坐标，这是建立 L 系数与内、外方位元素之间关系式的充要条件。为此，应首先对像点进行底片变形的改正，并利用控制点依据直接线性变换公式求 L 系数及像主点坐标的近似值

L'_i、x'_0、z'_0，进而改正像点的物镜畸变。

像点的物镜畸变改正式取：

$$\Delta x=(x-x_0)(k_1r^2+k_2r^4+k_3r^6)+p_1[r^2+2(x-x_0)^2]+2p_2(x-x_0)(z-z_0)$$

$$\Delta z=(z-z_0)(k_1r^2+k_2r^4+k_3r^6)+p_2[r^2+2(z-z_0)^2]+2p_1(x-x_0)(z-z_0) \tag{2-2}$$

在消除了底片变形以及物镜畸变等系统误差后，对像点坐标观测，可建立线性化直线性变换方程后的误差方程式：

$$\text{权}\ \boldsymbol{P}_1 \quad \boldsymbol{V}_1=\boldsymbol{M}\Delta\boldsymbol{L}+\boldsymbol{N}\Delta\boldsymbol{N}-\boldsymbol{W}_1 \tag{2-3}$$

$$\text{权}\ \boldsymbol{P}_2 \quad \boldsymbol{V}_2=\Delta\boldsymbol{X} \tag{2-4}$$

将式(2-3) 和式(2-4) 合并写成：

$$\begin{pmatrix}\boldsymbol{P}_1\\ \boldsymbol{P}_2\end{pmatrix}\boldsymbol{V}=\begin{pmatrix}\boldsymbol{V}_1\\ \boldsymbol{V}_2\end{pmatrix}=\begin{pmatrix}\boldsymbol{M}\boldsymbol{N}\\ \boldsymbol{0}\ \boldsymbol{I}\end{pmatrix}\begin{pmatrix}\Delta\boldsymbol{L}\\ \Delta\boldsymbol{X}\end{pmatrix}-\begin{pmatrix}\boldsymbol{W}_1\\ \boldsymbol{0}\end{pmatrix} \tag{2-5}$$

式中，$\Delta\boldsymbol{X}$ 为控制点坐标的改正数阵；$\boldsymbol{N}$ 为 $\Delta\boldsymbol{X}$ 的系数阵；$\boldsymbol{W}_1$ 为像点观测值误差方程组的常数阵；$\boldsymbol{P}_1$ 为像点观测值的权阵；$\boldsymbol{P}_2$ 为控制点坐标观测值的权阵。

在直接线性变换公式中，11 个 L 系数间存在有两个相关式，解算中可将这两个线性相关作为制约条件，则有：

$$\boldsymbol{A}\Delta\boldsymbol{L}+\boldsymbol{W}_2=0 \tag{2-6}$$

式中，$\boldsymbol{A}$ 为制约条件的系数阵；$\boldsymbol{W}_2$ 为制约条件的不符合值阵。

在实际平差中，可对像点观测值做等权处理，并将其作为单位权观测值，即 $\boldsymbol{P}_1=\boldsymbol{I}$。设 m_0 为解算 L' 式平差后的单位权中误差，mx_i 为控制点坐标中误差，则

$$P_2=\frac{m_0^2}{mx_i^2}$$

此时，由式(2-5) 和式(2-6) 组成的方程式为：

$$\begin{pmatrix}\boldsymbol{M}^{\mathrm{T}}\boldsymbol{N} & \boldsymbol{M}^{\mathrm{T}}\boldsymbol{N} & \boldsymbol{A}^{\mathrm{T}}\\ \boldsymbol{N}^{\mathrm{T}}\boldsymbol{M} & \boldsymbol{N}^{\mathrm{T}}\boldsymbol{N}+\boldsymbol{P}_2 & \boldsymbol{0}\\ \boldsymbol{A} & \boldsymbol{0} & \boldsymbol{0}\end{pmatrix}\begin{pmatrix}\Delta\boldsymbol{L}\\ \Delta\boldsymbol{X}\\ \boldsymbol{K}\end{pmatrix}-\begin{pmatrix}\boldsymbol{M}^{\mathrm{T}}\boldsymbol{W}_1\\ \boldsymbol{N}^{\mathrm{T}}\boldsymbol{W}_1\\ -\boldsymbol{W}_2\end{pmatrix}=0 \tag{2-7}$$

解得 $\Delta\boldsymbol{L}$ 后，则有：$\boldsymbol{L}=\boldsymbol{L}'+\Delta\boldsymbol{L}$。

然后，按下式计算摄影机摄影瞬间的内、外方位元素值：

$$
\begin{aligned}
&\Delta x_0=(L_1L_9+L_2L_{10}+L_3L_{11})/(L_9^2+L_{10}^2+L_{11}^2)\\
&\Delta z_0=(L_5L_9+L_6L_{10}+L_7L_{11})/(L_9^2+L_{10}^2+L_{11}^2)\\
&f_x^2=-\Delta x_0^2+(L_2^2+L_2^2+L_3^3)/(L_9^2+L_{10}^2+L_{11}^2)\\
&f_x^2=-\Delta z_0^2+(L_5^2+L_6^2+L_7^2)/(L_9^2+L_{10}^2+L_{11}^2)\\
&x_0=x_0'+\Delta x_0\\
&z_0=z_0'+\Delta z_0\\
&f=(f_x+f_z)/2 \qquad (2\text{-}8)\\
&\varphi=\arctan(L_9/L_{10})\\
&\omega=\arctan(L_{11}\cos\omega/L_{10})\\
&k=\arctan(f_x(L_3-\Delta x_0L_{11})/f_x(L_1-\Delta z_0L_{11}))\\
&\begin{pmatrix}X_s\\Y_s\\Z_s\end{pmatrix}=-\begin{pmatrix}L_1&L_2&L_3\\L_5&L_6&L_7\\L_9&L_{10}&L_{11}\end{pmatrix}^{-1}\begin{pmatrix}L_4\\L_8\\1\end{pmatrix}
\end{aligned}
$$

各检定元素的精度可按权系数法评定：

$$m_i=M_0\sqrt{Q_{ij}}$$

式中，M_0 为单位权中误差；Q_{ij} 为检定元素的权系数。

为提高对数码相机（非量测摄影机）的检测精度，我们自制正交格网形式的格网，如图 2-1 所示，使像点纳入以网中央点为原点的像点坐标系统中，以便进行软片变形和物镜畸变的改正计算。

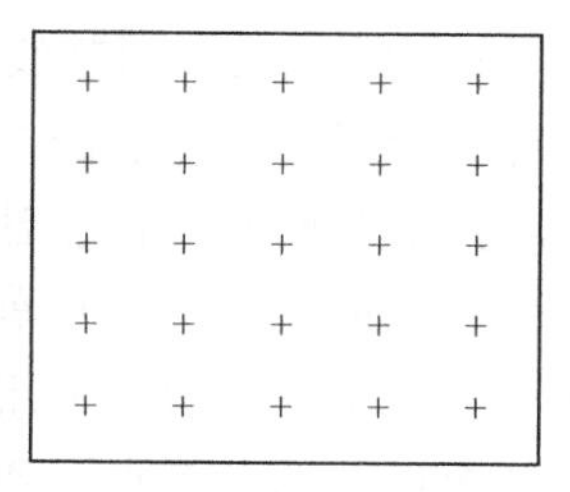

图 2-1　正交格网

试验表明，直接线性变换检定法较其他方法更为通用，精度满足需要。

2.2.4.2　时间基线视差法

时间基线视差法是一种测定物体二维坐标相对变化的方法。

位移点在像平面与物平面的基本几何关系如图 2-2 所示，其变形量 ΔX、ΔZ 为：

$$
\begin{cases}
\Delta X=\dfrac{Y}{f}\Delta P_x=M\Delta P_x\\
\Delta Z=\dfrac{Y}{f}\Delta P_z=M\Delta P_z
\end{cases}
\qquad (2\text{-}9)
$$

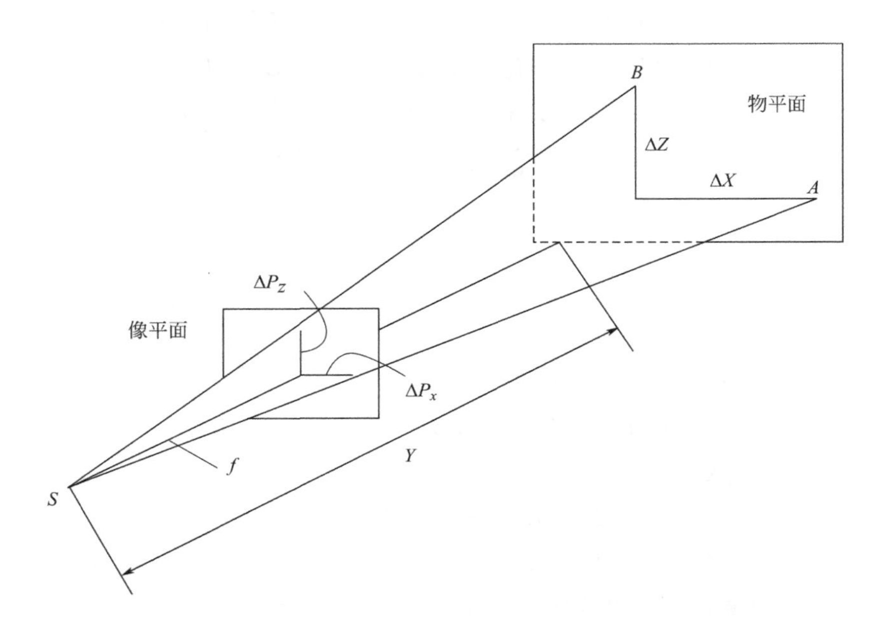

图 2-2　位移点在像平面与物平面的基本几何关系

式(2-9) 是时间基线视差法的基本公式。根据变形视差值及摄影比例尺分母，即可计算物点的二维坐标变形值。

然而时间基线视差法要求两次摄影时的内、外方位元素应完全一致，否则所测的变形视差值就会有误差。而实际作业时不可能保持内、外方位元素完全不变，因此采用了简捷、适用的方法“直线内插法”，即利用 3 个或 3 个以上的参考点，通过计算将变形的视差值进行改正，这种改正实质上是对偏角 φ_x 和倾角 ω_z 的误差改正。其计算步骤如下：

(1) 控制点的像点重心坐标计算

在与零相片组成的像对中，测量参考点的像点坐标。若有 n 个参考点，则相应地可量测得：

$$x_1,\ z_1,\ P_{x1},\ P_{z1}$$
$$x_2,\ z_2,\ P_{x2},\ P_{z2}$$
$$\cdots\cdots$$
$$x_n,\ z_n,\ P_{xn},\ P_{zn}$$

其重心坐标为：

$$\begin{cases} x_S = [x]/n \\ z_S = [z]/n \\ P_{xS} = [P_x]/n \\ P_{zS} = [P_z]/n \end{cases} \tag{2-10}$$

若参考点不动，而且量测时无误差，则 $[P]$ 应等于零。实际上由于各种误差的影响，$[P]$ 一般不为零，但其值也很小。将参考点的像点坐标归算到重心坐标系统，则有：

$$\begin{cases} x_i' = x_i - x_S \\ z_i' = z_i - z_S \\ P_{xi}' = P_{xi} - P_{xS} \\ P_{zi}' = P_{zi} - P_{zS} \end{cases} \tag{2-11}$$

（2）控制点平均像平面的计算

就左右视差 P_x 而言，参考点左右视差 P_x 在 x、z 平面中的关系式为：

$$P_x = ax + bz + c \tag{2-12}$$

当 P 仅含有偶然误差时，相对于平行移动的坐标 x'、z'、P'则有：

$$P_{xi}' + V_i = ax_i' + bz_i' \tag{2-13}$$

从而得其误差方程式为：

$$V_i = ax_i' + bz_i' - P_{xi}' \tag{2-14}$$

组成方程则有：

$$\begin{aligned} [x'^2]a + [x'z']b - [x'P_x'] = 0 \\ [z'x']a + [z'^2]b - [z'P_x'] = 0 \end{aligned} \tag{2-15}$$

联立求得 x 方向的视差系数为：

$$\begin{cases} a_x = \dfrac{[z'^2][x'P_x'] - [x'z'][z'P_x']}{[x'^2][z'^2] - [x'z']^2} \\ b_x = \dfrac{[x'^2][z'P_x'] - [x'z'][x'P_x']}{[x'^2][z'^2] - [x'z']^2} \end{cases} \tag{2-16}$$

式中，$a = \tan\varphi_x$；$b = \tan\omega_z$。

同理，可求得 z 方向的视差系数为：

$$\begin{cases} a_z = \dfrac{[z'^2][x'P_z'] - [x'z'][z'P_z']}{[x'^2][z'^2] - [x'z']^2} \\ b_z = \dfrac{[x'^2][z'P_z'] - [x'z'][x'P_z']}{[x'^2][z'^2] - [x'z']^2} \end{cases} \tag{2-17}$$

（3）变形视差 ΔP 的计算

变形视差 ΔP 的计算如下：

$$\Delta P_x = P_{x量} - P_{x平}$$

$$\Delta P_z = P_{z量} - P_{z平}$$

关于时间基线视差法的几点说明：

① 时间基线视差法不能求得变形点的绝对量，仅能求其相对变化量，即以零相片（第一次所拍摄的相片）为标准，后继相片与零相片相比较而求得的差值作为变形值。

② 该方法使用的控制点实际上是不动的固定点，无须测其三维坐标。摄站点应保持稳定。

③ 由于试验使用的仪器是数码相机，它在任意时刻的焦距 f 是未知的，其摄影比例尺分母也是无法通过景深和焦距 f 求得，因此系统通过另外一种方法求其比例：以实地两参考点之间连线（大体上与像平面平行）的距离（通过钢尺量距）与相片上两参考点影像之间的像素数作为比例系数。这样只要求得所需的变形点视差，将其与比例系数 M 相乘，即可得到每一个变形点的实际变形值。

2.2.4.3 三维时间基线视差法

时间基线视差法是一种二维变形测量的方法，有一定的局限性。本小节探索三维时间基线视差法用于解算。

应用该方法应满足如下三个基本条件：

① 各点变形量相对摄影比例尺而言，量值要小；

② 各期摄影时，应保持外方位元素基本一致，并以同一固定点为定向点；

③ 控制点应布设在稳定区。

试验中，三个条件全部满足。

基本数学模型为：

$$x - \Delta x = \frac{a_1(X - X_s) + b_1(Y - Y_s) + c_1(Z - Z_s)}{a_2(X - X_s) + b_2(Y - Y_s) + c_2(Z - Z_s)}$$

$$z - \Delta z = \frac{a_3(X - X_s) + b_3(Y - Y_s) + c_3(Z - Z_s)}{a_2(X - X_s) + b_2(Y - Y_s) + c_2(Z - Z_s)} \tag{2-18}$$

式中，x，z 为像点坐标观测值；X，Y，Z 为地面坐标值；Δx，Δz 为像点系统误差改正值；X_s，Y_s，Z_s 为摄影站的地面坐标；a_i，b_i，c_i（$i=1$，2，3）为外方位元素角元素之函数。

把式(2-18) 线性化展开得：

$$\begin{bmatrix} v_x \\ v_z \end{bmatrix} - \begin{bmatrix} \Delta x \\ \Delta z \end{bmatrix} = \begin{bmatrix} a_{11} a_{12} a_{13} \\ a_{21} a_{22} a_{23} \end{bmatrix} \begin{bmatrix} \delta X \\ \delta Y \\ \delta Z \end{bmatrix} + \begin{bmatrix} -a_{11} & -a_{12} & -a_{13} & a_{14} & a_{15} & a_{16} \\ -a_{21} & -a_{22} & -a_{23} & a_{24} & a_{25} & a_{26} \end{bmatrix} \begin{bmatrix} \delta X_s \\ \delta Y_s \\ \delta Z_s \\ \delta \varphi \\ \delta \omega \\ \delta k \end{bmatrix} - \begin{bmatrix} x - x_0 \\ z - z_0 \end{bmatrix} \tag{2-19}$$

式中，a_{ij}（i=1，2，…，6）为系数项，它是摄影机主距、地面坐标、外方位元素、像点坐标等的函数；x_0，z_0 为用待求值的近似值计算的像点坐标值。

用头标“Ⅰ”表示第Ⅰ期内容，用“Ⅱ”表示第Ⅱ期内容，代入式(2-19）中，并顾及

$$\delta X = (\delta x,\ \delta y,\ \delta z)^T$$

$$\delta X_s = (\delta X_s,\ \delta Y_s,\ \delta Z_s,\ \delta\varphi,\ \delta\omega,\ \delta k)^T \tag{2-20}$$

就可以得到两期的像点坐标的误差方程式：

$$\begin{bmatrix} \overset{\mathrm{I}}{v}_x \\ \overset{\mathrm{I}}{v}_z \end{bmatrix} - \begin{bmatrix} \Delta \overset{\mathrm{I}}{x} \\ \Delta \overset{\mathrm{I}}{z} \end{bmatrix} = \begin{bmatrix} \overset{\mathrm{I}}{a}_{11} & \overset{\mathrm{I}}{a}_{12} & \overset{\mathrm{I}}{a}_{13} \\ \overset{\mathrm{I}}{a}_{21} & \overset{\mathrm{I}}{a}_{22} & \overset{\mathrm{I}}{a}_{23} \end{bmatrix} \delta \overset{\mathrm{I}}{X} + \begin{bmatrix} -\overset{\mathrm{I}}{a}_{11} & -\overset{\mathrm{I}}{a}_{12} & -\overset{\mathrm{I}}{a}_{13} & -\overset{\mathrm{I}}{a}_{14} & -\overset{\mathrm{I}}{a}_{15} & -\overset{\mathrm{I}}{a}_{16} \\ -\overset{\mathrm{I}}{a}_{21} & -\overset{\mathrm{I}}{a}_{22} & -\overset{\mathrm{I}}{a}_{23} & -\overset{\mathrm{I}}{a}_{24} & -\overset{\mathrm{I}}{a}_{25} & -\overset{\mathrm{I}}{a}_{26} \end{bmatrix} \delta \overset{\mathrm{I}}{X}_s + \begin{bmatrix} \overset{\mathrm{I}}{x} - \overset{\mathrm{I}}{x}_0 \\ \overset{\mathrm{I}}{z} - \overset{\mathrm{I}}{z}_0 \end{bmatrix} \tag{2-21}$$

$$\begin{bmatrix} \overset{\mathrm{II}}{v}_x \\ \overset{\mathrm{II}}{v}_z \end{bmatrix} - \begin{bmatrix} \Delta \overset{\mathrm{II}}{x} \\ \Delta \overset{\mathrm{II}}{z} \end{bmatrix} = \begin{bmatrix} \overset{\mathrm{II}}{a}_{11} & \overset{\mathrm{II}}{a}_{12} & \overset{\mathrm{II}}{a}_{13} \\ \overset{\mathrm{II}}{a}_{21} & \overset{\mathrm{II}}{a}_{22} & \overset{\mathrm{II}}{a}_{23} \end{bmatrix} \delta \overset{\mathrm{II}}{X} + \begin{bmatrix} -\overset{\mathrm{II}}{a}_{11} & -\overset{\mathrm{II}}{a}_{12} & -\overset{\mathrm{II}}{a}_{13} & -\overset{\mathrm{II}}{a}_{14} & -\overset{\mathrm{II}}{a}_{15} & -\overset{\mathrm{II}}{a}_{16} \\ -\overset{\mathrm{II}}{a}_{21} & -\overset{\mathrm{II}}{a}_{22} & -\overset{\mathrm{II}}{a}_{23} & -\overset{\mathrm{II}}{a}_{24} & -\overset{\mathrm{II}}{a}_{25} & -\overset{\mathrm{II}}{a}_{26} \end{bmatrix} \delta \overset{\mathrm{II}}{X}_s + \begin{bmatrix} \overset{\mathrm{II}}{x} - \overset{\mathrm{II}}{x}_0 \\ \overset{\mathrm{II}}{z} - \overset{\mathrm{II}}{z}_0 \end{bmatrix} \tag{2-22}$$

根据视差的定义有：

左右视差：

$$\boldsymbol{p}=(\boldsymbol{x}^{\mathrm{T}}-\Delta\boldsymbol{x}^{\mathrm{T}})-(\boldsymbol{x}''-\Delta\boldsymbol{x}'')=(\boldsymbol{x}^{\mathrm{T}}-\boldsymbol{x}'')-(\Delta\boldsymbol{x}^{\mathrm{T}}-\Delta\boldsymbol{x}'')$$

上下视差：

$$\boldsymbol{q}=(\boldsymbol{z}^{\mathrm{T}}-\Delta\boldsymbol{z}^{\mathrm{T}})-(\boldsymbol{z}''-\Delta\boldsymbol{z}'')=(\boldsymbol{z}^{\mathrm{T}}-\boldsymbol{z}'')-(\Delta\boldsymbol{z}^{\mathrm{T}}-\Delta\boldsymbol{z}'') \tag{2-23}$$

在满足假设条件时，可以近似地认为，各个变形点的像点坐标在各期观测时，受到相同的系统误差的影响。这是因为，此时所摄的相片，如果把同一站相同方向拍摄的相片重叠在一起，则各像点几乎是重合的，或像差很小。因此有：

$$\Delta\boldsymbol{x}^{\mathrm{T}}\approx\Delta\boldsymbol{x}'',\ \Delta\boldsymbol{z}^{\mathrm{T}}\approx\Delta\boldsymbol{z}'' \tag{2-24}$$

将式(2-24)代入式(2-23)中就得到：

$$\begin{cases}\boldsymbol{p}=\boldsymbol{x}^{\mathrm{T}}-\boldsymbol{x}''\\ \boldsymbol{q}=\boldsymbol{z}^{\mathrm{T}}-\boldsymbol{z}''\end{cases} \tag{2-25}$$

也就是说，无论双周期量测的误差，还是单片测得的坐标之差所得的视差，只要能满足假设之条件，就能使视差值不受系统误差的影响或受到较小的影响。

如前所述，系数 a_{ij} 及 x_0、z_0 是地面坐标、像点坐标和外方位元素、主距的函数。如果选择了相同的近似值 x_0、z_0、X_s、f，我们就可以近似地认为：

$$a'_{ij}\approx a''_{ij}=a_{ij} \tag{2-26}$$

并有下面一些关系式：

$$\begin{gathered}x'_0=x''_0\\ z'_0=z''_0\\ \delta\boldsymbol{x}'-\delta\boldsymbol{x}''=\delta\boldsymbol{x}\ (\text{变形点变形量})\\ \delta\boldsymbol{x}'_s-\delta\boldsymbol{x}''_s=\delta\boldsymbol{x}_s\ (\text{外方位元素变形量})\end{gathered} \tag{2-27}$$

将式(2-21)、式(2-22)相减，并顾及式(2-25)～式(2-27)，可得：

$$\begin{bmatrix}v_p\\ v_q\end{bmatrix}=\begin{bmatrix}a_{11}&a_{12}&a_{13}\\ a_{21}&a_{22}&a_{23}\end{bmatrix}\Delta\boldsymbol{X}+\begin{bmatrix}-a_{11}&-a_{12}&-a_{13}&a_{14}&a_{15}&a_{16}\\ -a_{21}&-a_{22}&-a_{23}&a_{24}&a_{25}&a_{26}\end{bmatrix}\delta\boldsymbol{X}_s-\begin{bmatrix}\boldsymbol{p}\\ \boldsymbol{q}\end{bmatrix} \tag{2-28}$$

用矩阵形式表示为：

$$\boldsymbol{V}=\boldsymbol{A}\Delta\boldsymbol{X}+\boldsymbol{B}\Delta\boldsymbol{X}_s-\boldsymbol{L} \tag{2-29}$$

2.2.5 数码相机校正的程序计算流程

(1) 软件程序的设计

该程序的基本功能如下：

① 自动建立相关目录及文件，方便管理和查询。程序可直接在本目录

下建立一个子目录，然后在该目录下为每一组相片以其组名建立一个子目录，并在该目录下为该组相片再建三个子目录，依次命名为“bmp”“lcp”“data”。其中，目录“bmp”用于存储原始影像数据，目录“lcp”用于存储量测像素坐标后的影像数据，目录“data”用于存储一系列的坐标文件。该目录下包含程序自建的五个数据文件，分别为：

a. “组名”＋“参考点 . txt”，记载所有相片的参考点像素坐标。

b. “组名”＋“变形点 . txt”，记载所有相片的变形点像素坐标。

c. “组名”＋“像素变化 . txt”，记载改正前所有后继相片的变形点相对于零相片的像素位移量（精确到小数点后 1 位）。

d. “组名”＋“像素改正 . txt”，记载改正后所有后继相片的变形点相对于零相片的像素位移量（精确到小数点后 1 位）。

e. “组名”＋“相对位移 . txt”，记载所有变形点的实际位移。

这样所有数据文件都可以方便地查看。每一组相片解算完毕，都可以在本目录下的相应文件中看到各类数据。

② 图像的显示、放大和缩小。可以同时打开多幅 *. bmp 影像、 *. lcp 影像（本程序自定义的影像，见后文说明），可进行影像的放大和缩小（以鼠标左键点击位置为屏幕中心进行整体放大或缩小）。

③ 像点坐标的量测。这里所说的像点坐标实际上是以图像左上角点为原点的像素坐标。从图像的左上角点垂直向下为 x 轴正方向，水平向右为 z 轴正方向。通过鼠标在屏幕上进行坐标量测。

④ 变形计算。可同时进行成组相片的时间基线视差法解算，求得变形点的平面位移值。

⑤ 绘制变形图。可在对话框中绘制相应的砌体结构挠度变形图及中心线图。

⑥ 预警。可设定预警持续时间及预警限值，以进行预警监测。

（2）具体操作过程

① 打开 ACDSEE 软件，选择原始图片，点击菜单栏“工具”按钮，选择“格式转换”，如图 2-3 所示。

② 在步骤①中可选择单张图片进行格式转换，也可按 Ctrl＋A 组合键，选择文件夹中全部图片批量进行转换。在对话框中选择“BMP Windows 位图”，点击“确定”按钮，即可得到 *. bmp 文件，如图 2-4 所示。将所有的照片按照顺序一一处理，处理完成之后建立一个名字为“BMP”的文件夹，将处理过的照片存放于该文件夹下，以便后续编辑成 LCP 格式的图片。

③ 将照片转换成 BMP 格式之后，我们就可以利用图像处理软件对照片进行处理分析，并得出最终的变形结果图，如图 2-5 所示。

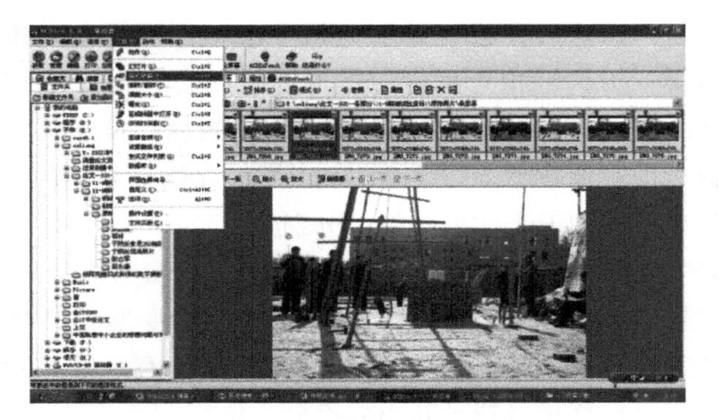

图 2-3　图片格式转换

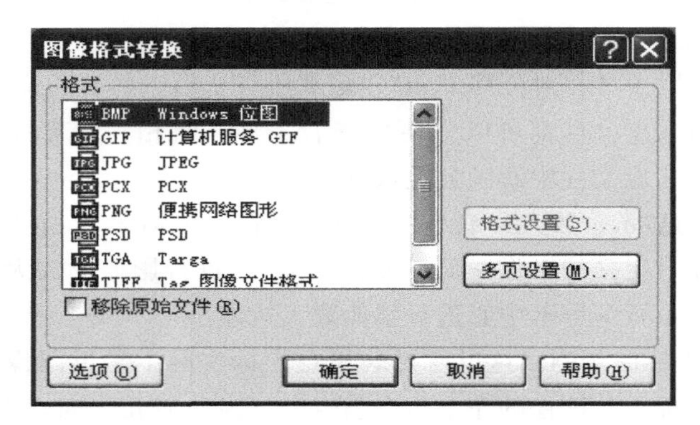

图 2-4　将 JPG 格式原始照片转换成 BMP 格式照片

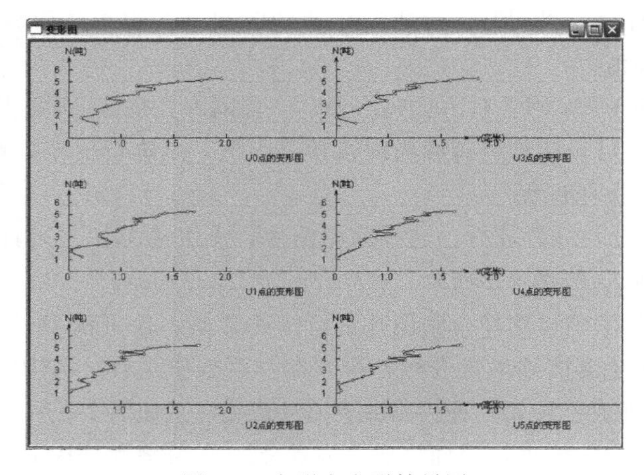

图 2-5　变形点变形结果图

(3) 解算方法的计算流程图

时间基线视差法的解算流程图如图 2-6 所示。

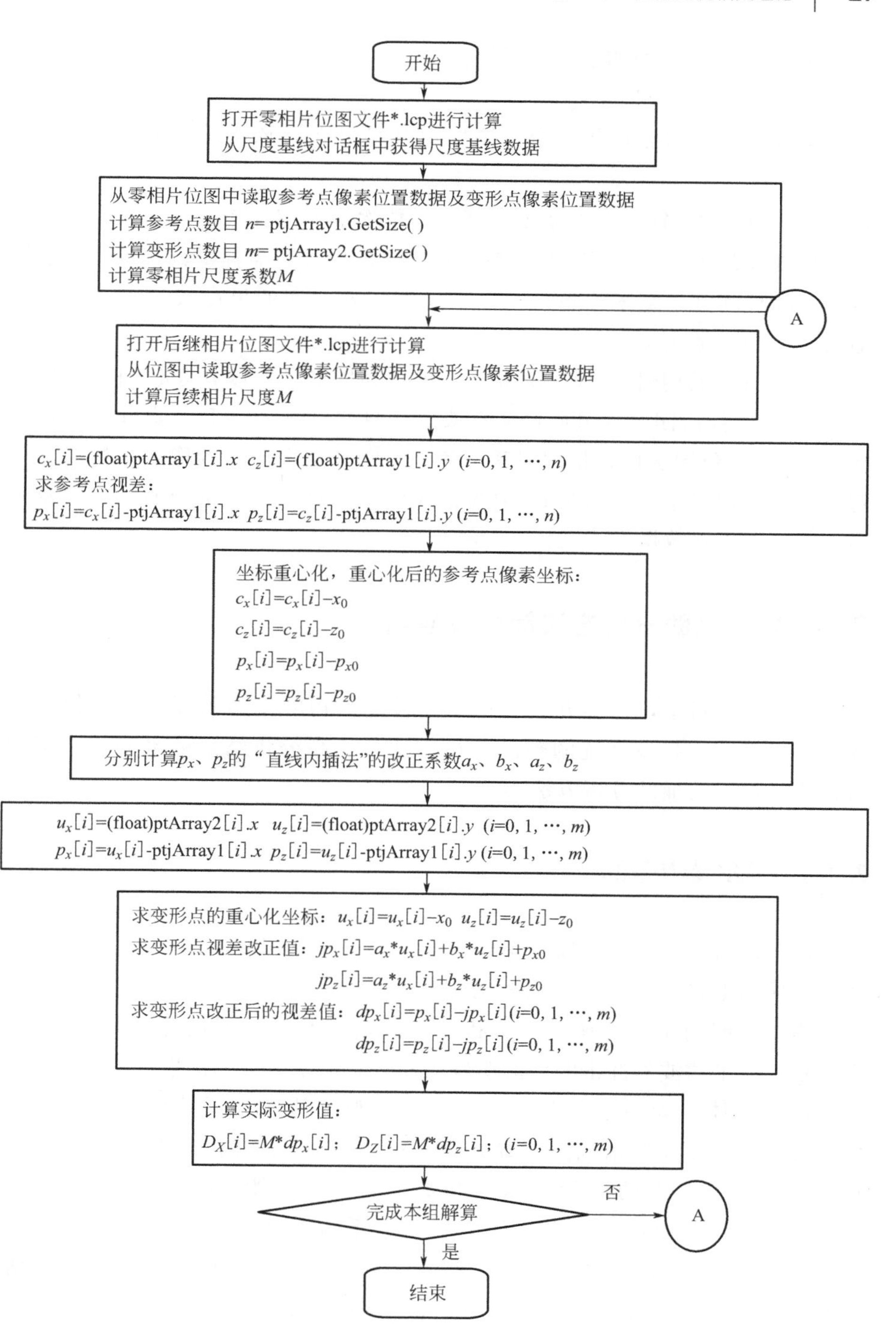

图 2-6　时间基线视差法解算流程图

① 本次解算遵循如下编号规定：

组号分别为 L，R。

参考点（控制点）共 5 个，编号均以 C 开头，依次编为 C_0，C_1，C_2，C_3，C_4。

变形点共 30 个，编号均以 U 开头，依次编为 U_0，U_1，…，U_{29}，U_{30}。

尺度线共 4 条，由于它是由参考点连接的，故只需提供其端点的数字编号及实际长度（以毫米为单位），如 C_1、C_2 两点间的尺度线录入时，只需输入 1、2（端点号）及 471.5（长度）。

② 程序中共用到了两种图像格式：BMP 位图格式及 LCP 自定义图像格式。

BMP 文件由四部分组成：文件头、信息头、色彩表和像素阵列。每一次打开 BMP 位图文件，量测完其上各个参考点及变形点的像点坐标后，若将其保存，则程序会自动在 BMP 位图文件末尾直接加上量测的参考点及变形点的像素位置数据。

2.3 其他辅助分析方法简介及应用

在实际项目中，为了更加准确地分析建筑物的变形状况，还会使用其他的分析方法作为该系统的辅助分析方法，提高分析结果的准确度。下面就是我们常用的辅助分析方法。

2.3.1 卡尔曼方差滤波

Kalman 滤波是由 R. E. Kalman 于 1960 年首次提出的一种现代滤波方法。它成功地将状态变量法引入滤波理论中，用信息和干扰的状态空间模型来描述它们的协方差函数，将状态空间描述与离散时间序列联系起来，而不是去寻求滤波器冲击响应的明确表示式，给出了一套递推算法。

把变形体视为一个动态系统，将一组观测值作为系统的输出，可以用 Kalman 滤波模型来描述系统的状态。动态系统由状态方程和观测方程描述，以监测点的位置、速率和加速率参数为状态向量，可构造一个典型的运动模型。状态方程中要加进系统的动态噪声。在求解时，其优点是不需保留用过的观测值序列，按照一套递推算法，把参数估计和预测有机地结合起来。Kalman 滤波特别适合变形监测数据的动态处理。

（1）Kalman 滤波的基本原理

Kalman 滤波是一套通过计算机实现的实时递推算法，它所处理的对象是随机信号，利用系统噪声和观测噪声的统计特性，以系统的观测量作为滤波器的输入，以所要估计值（系统的状态和参数）作为滤波器的输出。滤波器的输入与输出之间是由时间更新和观测更新算法联系在一起的，根据系统方程和观测方程估计出所有需要处理的信号。因此，Kalman 滤波是一种最优估计方法。

（2）Kalman 滤波的数学模型

Kalman 滤波解决的一般问题就是估计随机线性离散系统下的状态向量 $X_k \in R^n$，非线性问题可以通过离散化处理后再采用 Kalman 滤波算法。

下面给出 Kalman 滤波的数学模型。当不考虑具有确定性输入时，离散线性系统的卡尔曼滤波模型的状态方程和观测方程为：

$$\begin{cases} \boldsymbol{X}_{k+1} = \boldsymbol{\Phi}_{k+1,k}\boldsymbol{X}_k + \boldsymbol{\Gamma}_{k+1,k}\boldsymbol{\Omega}_k \\ \boldsymbol{L}_{k+1} = \boldsymbol{B}_{k+1}\boldsymbol{X}_k + \boldsymbol{\Delta}_{k+1} \end{cases} \tag{2-30}$$

式中，$\boldsymbol{X}_k$ 和 $\boldsymbol{L}_k$ 分别为 t_k 时刻的状态向量和观测向量；$\boldsymbol{\Phi}_{k+1,k}$ 为 t_k 时刻至 t_{k+1} 时刻的状态转移矩阵；$\boldsymbol{B}_{k+1}$ 为 t_{k+1} 时刻的观测矩阵；$\boldsymbol{\Omega}_k$ 和 $\boldsymbol{\Delta}_k$ 分别为 t_k 时刻的动态噪声和观测噪声。

所谓离散线性系统的状态估计，就是利用观测向量 L_1，L_2，…，L_k，根据其数学模型求第 t_j 时刻状态向量 $\boldsymbol{X}_j$ 的最佳估值，通常把所得的估计量记为 $\hat{X}(j/k)$。它可分为三种情况：

① 当 $j=k$，称 $\hat{X}(k/k)$ 为最佳滤波值，并把 $\hat{X}(k/k)$ 的求定过程称为卡尔曼滤波；

② 当 $j>k$，称 $\hat{X}(j/k)$ 为最佳预测值，并把 $\hat{X}(j/k)$ 的求定过程称为预测或外推；

③ 当 $j<k$，称 $\hat{X}(j/k)$ 为最佳预测值，并把 $\hat{X}(j/k)$ 的求定过程称为平滑或内插。

系统的随机模型如下：

$$\begin{cases} E(\boldsymbol{\Omega}_k) = 0 \\ E(\boldsymbol{\Delta}_k) = 0 \\ \operatorname{cov}(\boldsymbol{\Omega}_k, \boldsymbol{\Omega}_j) = D_\Omega(k)\delta_{ij} \\ \operatorname{cov}(\boldsymbol{\Delta}_k, \boldsymbol{\Delta}_j) = D_\Delta(k)\delta_{ij} \\ \operatorname{cov}(\boldsymbol{\Omega}_k, \boldsymbol{\Delta}_j) = 0 \\ E(\boldsymbol{X}_0) = \mu_x(0) = X(0/0) \\ \operatorname{var}(\boldsymbol{X}_0) = D_X(0) \\ \operatorname{cov}(\boldsymbol{\Omega}_k, \boldsymbol{\Delta}_j) = 0 \\ \operatorname{cov}(\boldsymbol{\Omega}_k, \boldsymbol{\Delta}_j) = 0 \end{cases} \tag{2-31}$$

式中，$E(\boldsymbol{\Omega}_k)$ 为 $\boldsymbol{\Omega}_k$ 的数学期望；$E(\boldsymbol{\Delta}_k)$ 为 $\boldsymbol{\Delta}_k$ 的数学期望；$\mathrm{cov}(\boldsymbol{\Omega}_k, \boldsymbol{\Omega}_j)$ 为 $\boldsymbol{\Omega}_k$ 与 $\boldsymbol{\Omega}_j$ 的协方差；$D_n(k)$ 为 $\boldsymbol{\Omega}_k$ 的方差；$\mathrm{cov}(\boldsymbol{\Delta}_k, \boldsymbol{\Delta}_j)$ 为 $\boldsymbol{\Delta}_k$ 与 $\boldsymbol{\Delta}_j$ 的协方差；$E(\boldsymbol{X}_0)$ 为 $\boldsymbol{X}_0$ 的数学期望；$\mathrm{var}(\boldsymbol{X}_0)$ 为 $\boldsymbol{X}_0$ 的方差；$\mathrm{cov}(\boldsymbol{X}_0, \boldsymbol{\Omega}_k)$ 为 $\boldsymbol{X}_0$ 与 $\boldsymbol{\Omega}_k$ 的协方差；$\mathrm{cov}(\boldsymbol{X}_0, \boldsymbol{\Delta}_k)$ 为 $\boldsymbol{X}_0$ 与 $\boldsymbol{\Delta}_k$ 的协方差；当 $j=k$ 时 $\delta_{ij}=1$，当 $j \neq k$ 时 $\delta_{ij}=0$。

由状态方程、观测方程和随机模型，可以根据逐次平差法推出如下的卡尔曼滤波递推方程：

$$\begin{cases} X(k/k)=X(k/k-1)+J_k[L_k-B_kX(k/k-1)] \\ D_k(k/k)=(I-J_kB_k)D_k(k/k-1) \end{cases} \tag{2-32}$$

（3）Kalman 滤波算法在本课题中的应用

本书中采用 Kalman 滤波算法解决了以下问题：

① Kalman 滤波算法解决了非线性系统函数的线性化问题，扩展 Kalman 滤波采取一阶泰勒级数近似线性化方法建立了递推滤波方法；

② 减少计算误差，集中化 Kalman 滤波器将多传感器测量值集中处理，减少了误差；

③ 模型误差和系统发散，卡尔曼滤波器增益阵加强了滤波器最关键的调整预测能力，消除了系统噪声阵和测量噪声数值，实际系统模型或系统参数不准确产生的计算误差得到了降低，避免了系统发散；

④ 滤波算法提高了变形监测的精度。

2.3.2 灰色模型理论

灰色模型是一种研究所需原始信息量少、计算简单以及预测精度较高的方法，主要通过对部分已知信息的生成、开发、提取有价值的信息，实现对系统运行行为，演化规律的正确描述和有效监控。原始的灰色模型采用最初的数据作为建立模型的依据，但数据在变化过程中，旧的数据对预测值的影响越来越小，新数据在预测中的重要性逐渐增加。而常用的 GM(1,1) 只是从静态的角度考虑未来时刻的状态，并未把未来可能影响系统状态的因素加入进去。因此，本书对原有的 GM(1,1) 模型进行了改进，在选择求解时采用最新的数据，再采用动态 GM(1,1) 模型来进行求解，这样预测所得到的数据与真实数据之间产生了更大的联系。通过对实测数据分析可以看出，书中所提出的基于实时动态灰色模型可以作为预测的一种新方法，且预测精度比原始 GM(1,1) 要好。

（1）灰色预测概念

灰色系统分析有系统的处理数据的方法：灰色关联分析、灰色预测、灰色聚类和灰色统计评估等内容。灰色模型通过灰色差分方程与灰色微分方程之间的互换实现了利用离散的数据序列建立连续的动态微分方程的新飞跃。灰色预测是指采用灰色模型对系统行为特征值的发展变化进行的预测、对行为特征值中的异常值发生的时刻进行估计、对在特定时区发生的事件做未来时间分布的计算，以及对杂乱波形的未来态势与波形所做的整体研究等。

导致变形的诸要素之间的普遍联系性决定了我们应当从主要因素的变化来预测系统的行为。本书选用灰色理论的单因素模型作为预测模型。灰色预测模型在理论上是适用于任何能量系统的，而变形的机制的确又是能量的不断积累和释放的结果。所以，这里用模型 GM(1,1) 或 GM（2,1）对变形观测值进行计算。

（2）动态 GM（1,1）模型

灰色系统理论的微分方程称为 GM 模型，G 表示 gray（灰色），M 表示 model（模型），GM(1,1) 表示 1 阶的、1 个变量的微分方程模型。GM(1,1) 建模过程和原理如下：

记原始数据序列 $X^{(0)}$ 为非负序列 $X^{(0)}=\{x^{(0)}(1), x^{(0)}(2), \cdots, x^{(0)}(n)\}$，其中，$x^{(0)}(k)\geqslant 0$，$k=1, 2, \cdots, n$。其相应的生成数据序列为 $X^{(1)}$：

$$X^{(1)}=\{x^{(1)}(1), x^{(1)}(2), \cdots, x^{(1)}(n)\}$$

其中，$x^{(1)}(k)=\sum_{l=1}^{k}x^{(0)}(l)$，$k=1, 2, \cdots, n$。

称 $X^{(1)}$ 为 $X^{(0)}$ 的一次累加生成序列，记为 1-AGO（Accumulated Generating Operator）。

$Z^{(1)}$ 为 $X^{(1)}$ 的紧邻均值生成序列：$Z^{(1)}=\{z^{(1)}(1), z^{(1)}(2), \cdots, z^{(1)}(n)\}$，其中，$Z^{(1)}(k)=0.5x^{(1)}(k)+0.5x^{(1)}(k-1)$，$k=2, 3, 4, \cdots, n$。称 $x^{(0)}(k)+az^{(1)}(k)=b$ 为 GM(1,1) 模型，其中 a、b 是需要通过建模求解的参数，且

$$\boldsymbol{Y}=\begin{bmatrix}x^{(0)}(2)\\x^{(0)}(3)\\\vdots\\x^{(0)}(n)\end{bmatrix}, \quad \boldsymbol{B}=\begin{bmatrix}-z^{(1)}(2) & 1\\-z^{(1)}(3) & 1\\\vdots & \vdots\\-z^{(1)}(n) & 1\end{bmatrix}$$

则微分方程 $x^{(0)}(k)+az^{(1)}(k)=b$ 的最小二乘估计系数列，满足 $(a,b)^{\mathrm{T}}=$

$(\boldsymbol{B}^{\mathrm{T}}\boldsymbol{B})^{-1}\boldsymbol{B}^{\mathrm{T}}\boldsymbol{Y}$，称 $\frac{\mathrm{d}x^{(1)}}{\mathrm{d}t}+ax^{(1)}=b$ 为灰微分方程，$x^{(0)}(k)+az^{(1)}(k)=b$ 为白化方程，又叫影子方程。白化方程 $\frac{\mathrm{d}x^{(1)}}{\mathrm{d}t}+ax^{(1)}=b$ 的解或称时间响应函数为 $\hat{x}^{(1)}(t)=\left(x^{(1)}(0)-\frac{b}{a}\right)\mathrm{e}^{-at}+\frac{b}{a}$；GM(1,1) 灰微分方程 $x^{(0)}(k)+az^{(1)}(k)=b$ 的时间响应函数为 $\hat{x}^{(1)}(k+1)=\left(x^{(1)}(0)-\frac{b}{a}\right)\mathrm{e}^{-ak}+\frac{b}{a}$，$k=1,2,\cdots,n$。

还原值：$\hat{x}^{(0)}(k+1)=\hat{x}^{(1)}(k+1)-\hat{x}^{(1)}(k)$，$k=1,2,\cdots,n$。

类似地，GM（2，1）模型的白化方程为 $\frac{\mathrm{d}^2x^{(1)}}{\mathrm{d}t^2}+\alpha_1\frac{\mathrm{d}x^{(1)}}{\mathrm{d}t}+\alpha_2x^{(1)}=b$，并且有：$(\alpha_1,\ \alpha_2,\ b)^{\mathrm{T}}=(\boldsymbol{B}^{\mathrm{T}}\boldsymbol{B})^{-1}\boldsymbol{B}^{\mathrm{T}}\boldsymbol{Y}$

$$\boldsymbol{B}=\begin{bmatrix}-x^{(0)}(2) & -z^{(1)}(2) & 1\\ -x^{(0)}(3) & -z^{(1)}(3) & 1\\ \vdots & \vdots & \vdots\\ -x^{(0)}(n) & -z^{(1)}(n) & 1\end{bmatrix}$$

该方程的特征方程为 $\lambda^2+\alpha_1\lambda+\alpha_2=0$，其根为 $\lambda_{1,2}=\frac{-\alpha_1\pm\sqrt{\alpha_1^2-4\alpha_2}}{2}$，方程解的情况如表 2-1 所示。

表 2-1 特征方程解的情况

特征方程的二根情况	方程的完全解
$\lambda_1\neq\lambda_2$ 的二实根	$x^{(1)}(t)=c_1\mathrm{e}^{-\lambda_1t}+c_2\mathrm{e}^{-\lambda_2t}+\frac{b}{\alpha_2}$
$\lambda_1=\lambda_2$ 的二实根	$x^{(1)}(t)=(c_1+c_2t)\mathrm{e}^{-\lambda t}+\frac{b}{\alpha_2}$
$\lambda_{1,2}=\alpha\pm\mathrm{i}\beta$ 的一对共轭复根	$x^{(1)}(t)=[c_1\cos(\beta t)+c_2\sin(\beta t)]\mathrm{e}^{\alpha\lambda}+\frac{b}{\alpha_2}$

（3）灰色预测方法

由于灰色预测只需要 4 个数据就可以计算，所以它在某些方面，尤其是少数据预测中，比传统的预测方法更具优越性。很多研究人员在变形分析中也都采用了灰色预测的方法。据有关文献可知，其预测的结果大多比较满意，所使用的模型多是照搬 GM(1,1)、M（2，1）或 GM（1，N）。但是，实际应用 GM 模型时应当加以区别，有些状态应使用 GM（1，1）模型，有些状态应使用 GM（2，1）模型。当然 GM 模型也有待完善，如上面提及的GM(1,1)模型和GM（2，1）模型中C值的求解，GM（1，1）模型中的参数列的解为$(a,b)^{\mathrm{T}}=(\boldsymbol{B}^{\mathrm{T}}\boldsymbol{B})^{-1}\boldsymbol{B}^{\mathrm{T}}\boldsymbol{Y}$，是按最小二乘原理求得的最优解。但在目前有关灰色预测的文章中，对于灰微分方程的白化方程$x^{(0)}(k)+az^{(1)}(k)=b$的解几乎无一例外地取：$\hat{x}^{(1)}(t)=\left(x^{(0)}(1)-\dfrac{b}{a}\right)\mathrm{e}^{-at}+C$，$C=\dfrac{b}{a}$。这种$C$值的取法实际上是将模型拟合曲线的初始点定为实际曲线的初始点，即取$\min=\sum\limits_{t=1}^{n}[\hat{x}^{(1)}(t)-x^{(1)}(t)]^{2}$。显然，这是一种与初始值无关的拟合，不是最佳拟合！

实际上对积分常数C值的最优解法有两种：一种方法是按$\min=\sum\limits_{t=1}^{n}[\hat{x}^{(1)}(t)-x^{(0)}(t)]^{2}$解求$C$值；另一方法是按$\min=\sum\limits_{t=1}^{n}[\hat{x}^{(0)}(t)-x^{(0)}(t)]^{2}$解求$C$值。按后一种方法确定的$C$值对应的是模型的原始值（一阶累减值）与实测值的最佳拟合；而按前一种方法确定的C值对应的是模型一阶累加值与实测值的最佳拟合。

从测量平差的角度考虑，一般需使用原始值$x^{(0)}(t)$，所以后一种方法较好。但从预测的角度看，一般是由一阶累加数列建模并进行预测的，有理由认为前一种方法是适宜的。为此，提出以下灰色系统模型检验方法：

（1）残差合格模型

设原始序列$X^{(0)}=\{x^{(0)}(1),x^{(0)}(2),\cdots,x^{(0)}(n)\}$相应的模型模拟序列为$\hat{X}^{(0)}=\{\hat{x}^{(0)}(1),\hat{x}^{(0)}(2),\cdots,\hat{x}^{(0)}(n)\}$，残差序列$\varepsilon^{(0)}=\{\varepsilon(1),\varepsilon(2),\cdots,\varepsilon(n)\}=\{x^{(0)}(1)-\hat{x}^{(0)}(1),x^{(0)}(2)-\hat{x}^{(0)}(2),\cdots,x^{(0)}(n)-\hat{x}^{(0)}(n)\}$；相对误差序列$\Delta=\left\{\left|\dfrac{\varepsilon(1)}{x^{(0)}(1)}\right|,\left|\dfrac{\varepsilon(2)}{x^{(0)}(2)}\right|,\cdots,\left|\dfrac{\varepsilon(n)}{x^{(0)}(n)}\right|\right\}=\{\Delta_k\}_1^n$。当$k<n$，称$\Delta_k=\left|\dfrac{\varepsilon(k)}{x^{(0)}(k)}\right|$为$k$点模拟相对误差，称$\Delta_n=\left|\dfrac{\varepsilon(n)}{x^{(0)}(n)}\right|$为滤波相对误差，称$\overline{\Delta}=\dfrac{1}{n}\sum\limits_{k=1}^{n}\Delta_k$为平均模拟相对误差；称$1-\overline{\Delta}$为平均相对精度，$1-\Delta_n$为滤波精度；给定$\alpha$，当$\overline{\Delta}<\alpha$，且$\Delta_n<\alpha$成立时，称模型为残差合格模型。

（2）关联合格模型

设$X^{(0)}$为原始序列，$\hat{X}^{(0)}$为相应的模拟误差序列，ε为$X^{(0)}$与$\hat{X}^{(0)}$的绝对关联度，若对于给定的$\varepsilon_0>0$，$\varepsilon>\varepsilon_0$，则称模型为关联合格模型。

（3）小误差概率合格模型

设 $X^{(0)}$ 为原始序列，$\hat{X}^{(0)}$ 为相应的模拟误差序列，$\varepsilon^{(0)}$ 为残差序列。$\overline{x}=\frac{1}{n}\sum_{k=1}^{n}x^{(0)}(k)$ 为 $X^{(0)}$ 的均值，$s_1^2=\frac{1}{n}\sum_{k=1}^{n}(x^{(0)}(k)-\overline{x})^2$ 为 $x^{(0)}$ 的方差，$\overline{\varepsilon}=\frac{1}{n}\sum_{k=1}^{n}\varepsilon(k)$ 为残差均值，$s_2^2=\frac{1}{n}\sum_{k=1}^{n}(\varepsilon(k)-\overline{\varepsilon})^2$ 为残差方差；$c=\frac{s_2}{s_1}$ 为均方差比值；对于给定的 $c_0>0$，当 $c<c_0$ 时，称模型为均方差比合格模型。称 $p=p(|\varepsilon(k)-\overline{\varepsilon}|<0.6745s_1)$ 为小误差概率，对于给定的 $p_0>0$，当 $p>p_0$ 时，称模型为小误差概率合格模型。

（4）灰色理论应用分析

本书采用灰色预测的方法对某大型工程结构的变形情况进行了预测分析，结果表明：灰色预测的精度与时序分析的精度相当，都达到了 ±0.30。

同时研究表明，用目前的灰色预测方法不是所有的变形预测都能达到较高的精度，特别是对于突变，灰色预测是无能为力的。原始 GM(1,1) 静态预测模型只能预测较短几个时间步长内的函数值，误差相对比较大，而且随时间的推移，偏差越来越大。其主要原因是在模型应用过程中灰参数是静态的、固定的，忽视了其动态变化的特征。对一个系统来说，随时间的推移，未来的一些扰动因素将不断进入系统并对其施加影响，用之进行长期预测必然会产生较大的偏差。从结果中也可以看出，预测精度很低，而且不合格。

动态 GM(1,1) 模型动态预测由于实时地加入了新的信息，提高了灰区间的白色度，预测效果较好，残差均在 1.5mm 以内，预测精度较高。从灰平面上看，真正具有实际意义、精度较高的预测值，仅是最近的一两个数据，其他的数据仅反映一种趋势。因此，实时地加入新信息，淘汰旧信息，不仅可以突出系统最新的变化趋势，而且可以消除预测模型的噪声污染，对预测精度的提高也具有较好的作用。动态模型弥补了原始 GM（1,1）型的不足之处，实时地引入了新的观测值或进行灰数递补，因此真实反映了系统状态的变化，可以有效地提高预报精度。

实时动态模型利用少量信息即可进行预测的优势，在动态模型的基础上，又更加充分地利用了最新的信息，更倾向于新数据在预测中的重要性，其实时的动态选择过程对数据的分析预测起很重要的作用，而且精度也有较大提高，残差均在 0.3mm 以内。

通过分析证明，利用实时动态灰色模型进行建筑物变形监测的成果分析，可以获得满意的变形预测结果，为建筑物的安全评判、建筑工程的防灾减灾提供可靠的数据依据。虽然其在做长期预测时有一定的优越性，但预测时段也不能太长，其优越性是相对的。

2.3.3　有限单元法

计算机计算能力的飞速提高和数值计算技术的长足进步，诞生了商业化的有限元数值分析软件，并发展成为一门专门的学科——计算机辅助工程(Computer Aided Engineering，CAE)。这些商品化的CAE软件具有越来越人性化的操作界面，使得这一工具的使用者由学校或研究所的专业人员逐步扩展到企业的产品设计人员或分析人员，CAE在各个工业领域的应用也得到不断普及并逐步向纵深发展，CAE工程仿真在工业设计中的作用变得日益重要。许多行业已经将CAE分析方法和计算要求设置在产品研发流程中，作为产品上市前必不可少的环节。CAE仿真在产品开发、研制与设计及科学研究中已显示出明显的优越性：CAE仿真可有效缩短新产品的开发研究周期；虚拟样机的引入减少了实物样机的试验次数；大幅度地降低产品研发成本；在精确的分析结果指导下制造出高质量的产品；能够快速对设计变更做出反应；能充分和CAD模型相结合并对不同类型的问题进行分析；能够精确预测出产品的性能；增加产品和工程的可靠性；采用优化设计，降低材料的消耗或成本；在产品制造或工程施工前预先发现潜在的问题；模拟各种试验方案，减少试验时间和经费；进行机械事故分析，查找事故原因等。

当前常用的商业化CAE软件有很多种，其中最为著名的是由美国国家宇航局（NASA）在1965年委托美国计算科学公司和贝尔航空系统公司开发的Nastran有限元分析系统。该系统发展到至今已有几十个版本，是目前世界上规模最大、功能最强的有限元分析系统。世界各地的研究机构和大学也发展了一批专用或通用有限元分析软件，虽然软件种类繁多，但其核心求解方法都是有限单元法，也简称为有限元法（Finite Element Method）。有限元法作为一种通用工具，在物理系统的建模和模拟仿真领域已经得到了广泛的接受，在许多学科它已经成为至关重要的分析技术，如结构力学、流体力学、电磁学等。在工程技术领域内，经常会遇到两类典型的问题：

第一类问题，可以归结为有限个已知单元体的组合。例如，材料力学中的连续梁、建筑结构框架和桁架结构，把这类问题称为离散系统。如图2-7所示的平面桁架结构，是由6个承受轴向力的“杆单元”组成。这种简单的离散系统可以手工进行求解，而且可以得到其精确的理论解。而对于类似图2-8所示的这类复杂的离散系统，虽然理论上来说是可解的，但是由于计算工作量非常庞大，就需要借助计算机技术。

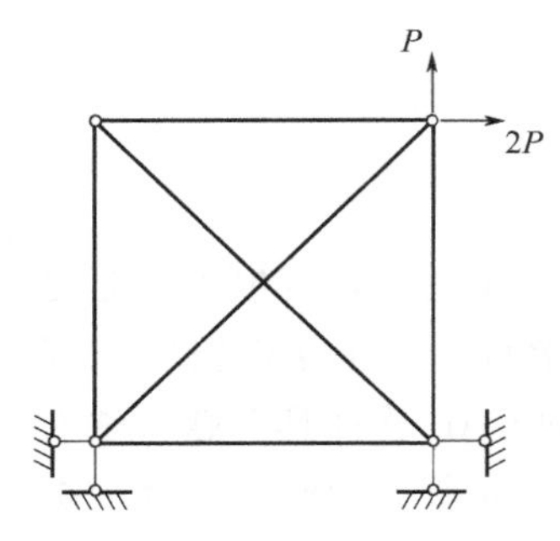

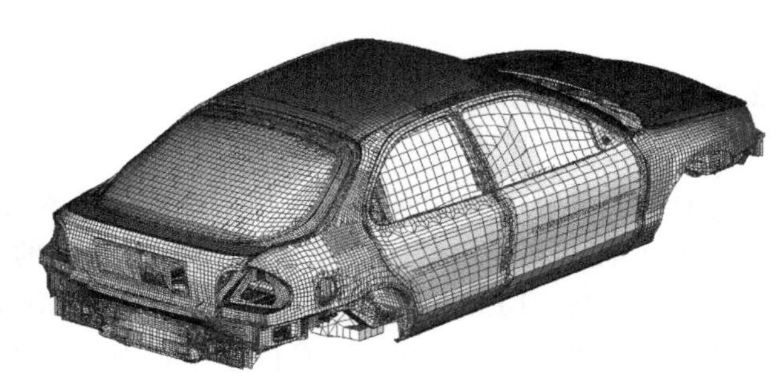

图 2-7　平面桁架结构　　　　图 2-8　某车身有限元模型

第二类问题，通常可以建立它们应遵循的基本方程，即微分方程和相应的边界条件，如弹性力学问题、热传导问题、电磁场问题等。由于建立基本方程所研究的对象通常是无限小的单元，这类问题称为连续系统。这里以热传导问题为例做一个简单的说明。

下面是热传导问题的控制方程与换热边界条件：

$$\frac{\partial}{\partial x}\left(\lambda\frac{\partial T}{\partial x}\right)+\frac{\partial}{\partial y}\left(\lambda\frac{\partial T}{\partial y}\right)+\frac{\partial}{\partial z}\left(\lambda\frac{\partial T}{\partial z}\right)+\overline{Q}=\rho c\frac{\partial T}{\partial t} \tag{2-33}$$

初始温度场也可以是不均匀的，各点温度值已知：

$$T\big|_{t=0}=T_0(x, y, z) \tag{2-34}$$

通常的热边界有三种，第三类边界条件如下形式：

$$-\lambda\frac{\partial T}{\partial n}=h(T-T_f) \tag{2-35}$$

尽管已经建立了连续系统的基本方程，由于边界条件的限制，通常只能得到少数简单问题的精确解答。对于许多实际的工程问题，还无法给出精确的解答。为了解决这一困难，工程师们和数学家们提出了许多近似方法。在寻找连续系统求解方法的过程中，工程师们和数学家们从两个不同的路线得到了相同的结果，即有限元法。有限元法的形成可以回顾到 20 世纪 50 年代，来源于固体力学中矩阵结构法的发展和工程师对结构相似性的直觉判断。从固体力学的角度来看，桁架结构等标准离散系统与人为地分割成有限个分区后的连续系统在结构上存在相似性。

1956 年，M. J. Turner、R. W. Clough、H. C. Martin、L. J. Topp 在纽约举行的航空学会年会上介绍了一种新的计算方法，将矩阵位移法推广到求解平面应力问题。他们把连续几何模型划分成一个个三角形和矩形的

“单元”，并为所使用的单元指定近似位移函数，进而求得单元节点力与节点位移关系的单元刚度矩阵。1954—1955 年，J. H. Argyris 在航空工程杂志上发表了一组能量原理和结构分析论文。1960 年，Clough 在著名的题为“The Finite Element in plane stress analysis”的论文中首次提出了“有限元”（Finite Element）这一术语，并在后来被广泛地引用，成为这种数值方法的标准称谓。与此同时，数学家们则发展了微分方程的近似解法，包括有限差分方法、变分原理和加权余量法，这为有限元法在以后的发展奠定了数学和理论基础。在 1963 年前后，经过 J. F. Besseling、R. J. Melosh、R. E. Jones、R. H. Gallaher、T. H. H. Pian 等的工作，人们认识到有限元法就是变分原理中 Ritz 近似法的一种变形，从而发展了使用各种不同变分原理导出的有限元计算公式。

1965 年，O. C. Zienkiewicz 和 Y. K. Cheung（张佑启）发现，对于所有的场问题，只要能将其转换为相应的变分形式，即可以用与固体力学有限元法的相同步骤求解。1969 年，B. A. Szabo 和 G. C. Lee 指出可以用加权余量法，特别是迦辽金（Galerkin）法，导出标准的有限元过程来求解非结构问题。

2.3.3.1　有限元法的基本思路

有限元法的基本思想是将连续弹性体的求解区域离散为一组有限个、按一定方式相互联结在一起的单元的组合体。由于单元能按不同的方式组合，且单元本身又可以有不同的形状，因此可以模型化几何形状复杂的求解域。具体可以归结为：将连续系统分割成有限个分区或单元，对每个单元提出一个近似解，再将所有单元按标准方法加以组合，从而形成原有系统的一个数值近似系统，也就是形成相应的数值模型。下面用在自重作用下的等截面直杆来说明有限元法的思路。受自重作用的等截面直杆如图 2-9 所示，设杆的长度为 L，截面积为 A，弹性模量为 E，单位长度的重量为 q，杆的内力为 N。试求杆的位移分布、杆的应变和应力：

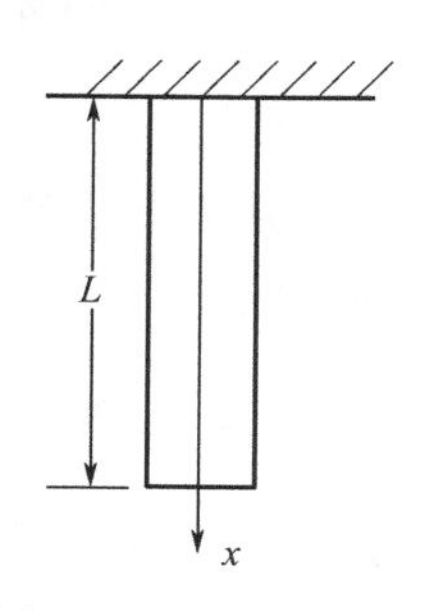

图 2-9　受自重作用的等截面直杆

$$u(x)=\int_0^x \frac{N(x)\mathrm{d}x}{EA}=\frac{q}{EA}\left(Lx-\frac{x^2}{2}\right) \tag{2-36}$$

等截面直杆在自重作用下的有限元法过程如下。

（1）连续系统离散化

如图 2-10 所示，将直杆划分成 n 个有限段，有限段之间通过公共点相

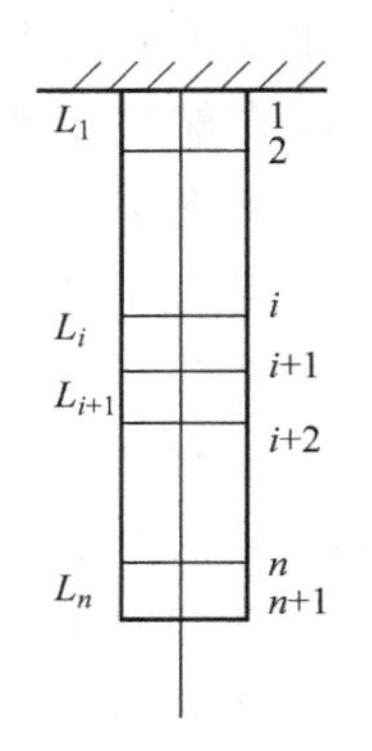

图 2-10　离散后的直杆

连接。在有限元法中将两段之间的公共连接点称为节点，将每个有限段称为单元。节点和单元组成的离散模型就称为对应于连续系统的“有限元模型”。有限元模型中的第 i 个单元，其长度为 L_i，包含第 i,$i+1$ 个节点。

（2）用单元节点位移表示单元内部位移

第 i 个单元中的位移用所包含的节点位移来表示：

$$u(x)=u_i+\frac{u_{i+1}-u_i}{L_i}(x-x_i) \tag{2-37}$$

式中，u_i 为第 i 节点的位移；x_i 为第 i 节点的坐标。第 i 个单元的应变为 ε_i，应力为 σ_i，内力为 N_i：

$$\varepsilon_i=\frac{\mathrm{d}u}{\mathrm{d}x}=\frac{u_{i+1}-u_i}{L_i} \tag{2-38}$$

$$\sigma_i=E\varepsilon_i=\frac{E(u_{i+1}-u_i)}{L_i} \tag{2-39}$$

$$N_i=A\sigma_i=\frac{EA(u_{i+1}-u_i)}{L_i} \tag{2-40}$$

（3）把外载荷归集到节点上

把第 i 单元和第 $i+1$ 单元重量的一半 $\frac{q(L_i+L_{i+1})}{2}$，归集到第 $i+1$ 节点上，如图 2-11 所示。

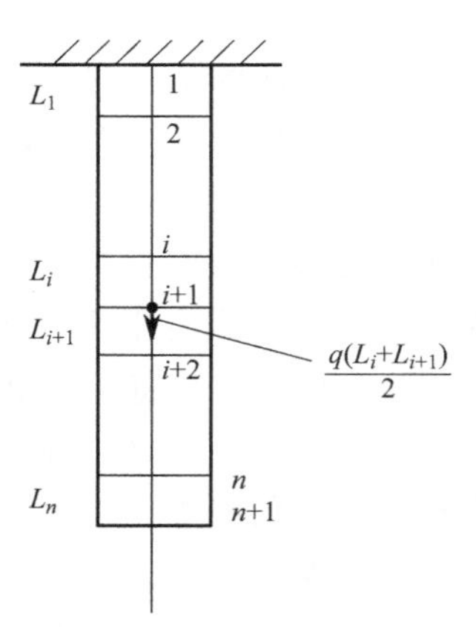

图 2-11　集中单元重量

（4）建立节点的力平衡方程

对于第 $i+1$ 节点，由力的平衡方程可得：

$$N_i-N_{i+1}=\frac{q(L_i+L_{i+1})}{2} \tag{2-41}$$

令 $\lambda_i=\frac{L_i}{L_{i+1}}$，并将式（2-38）代入式（2-41）得：

$$-u_i+(1+\lambda_i)u_{i+1}-\lambda_i u_{i+2}=\frac{q}{2EA}(1+\frac{1}{\lambda_i})L_i^2 \tag{2-42}$$

根据约束条件，$u_1=0$。对于第 $n+1$ 个节点有：

$$N_n=\frac{qL_n}{2}-u_n+u_{n+1}=\frac{qL_n^2}{2EA} \tag{2-43}$$

建立所有节点的力平衡方程，可以得到由 $n+1$ 个方程构成的方程组，

可解出 $n+1$ 个未知的节点位移。

2.3.3.2　有限元的静力性能分析

有限元的静力分析法的计算步骤归纳为 3 个基本步骤：网格划分、单元分析、整体分析。

（1）网格划分

有限元法的基本做法是用有限个单元体的集合来代替原有的连续体。因此，首先要对弹性体进行必要的简化，再将弹性体划分为有限个单元组成的离散体。单元之间通过节点相连接。由单元、节点、节点连线构成的集合称为网格。

通常把三维实体划分成四面体或六面体单元的实体网格，平面问题划分成三角形或四边形单元的面网格，如图 2-12～图 2-19 所示。

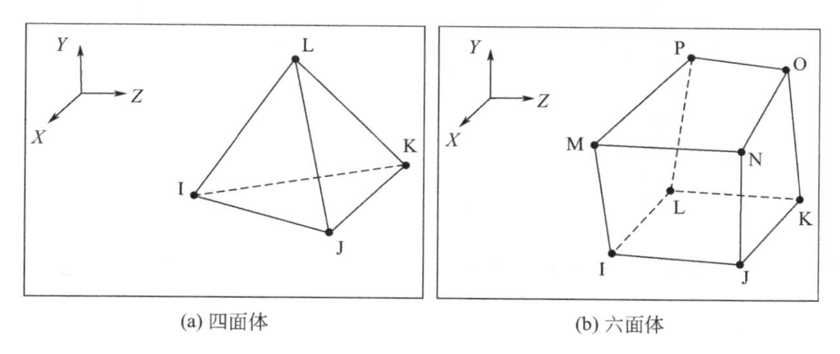

(a) 四面体　　(b) 六面体

图 2-12　四面体四节点单元、六面体八节点单元

图 2-13　三维实体的四面体单元划分

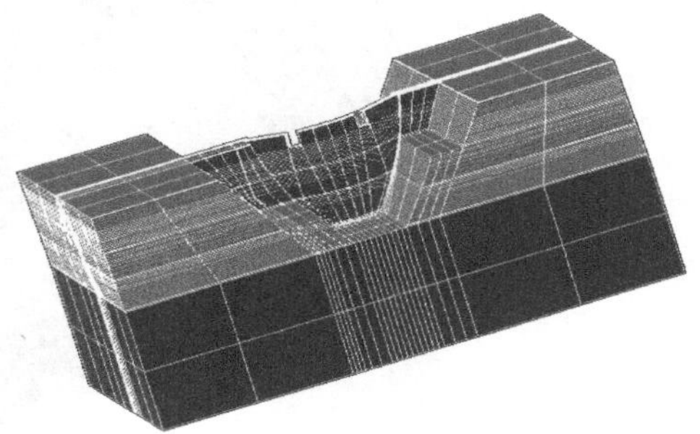

图 2-14　三维实体的六面体单元划分

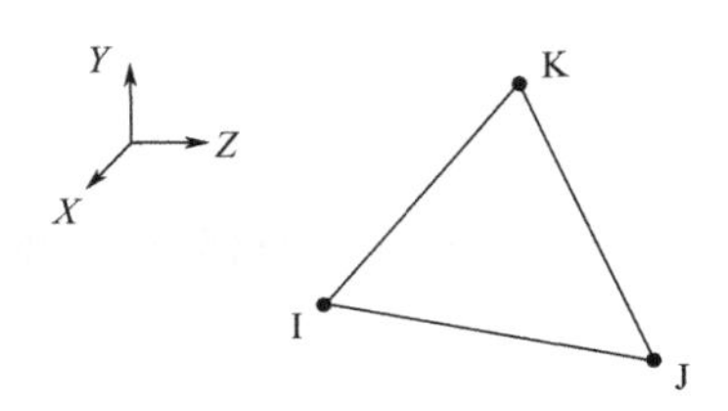

图 2-15 三角形三节点单元

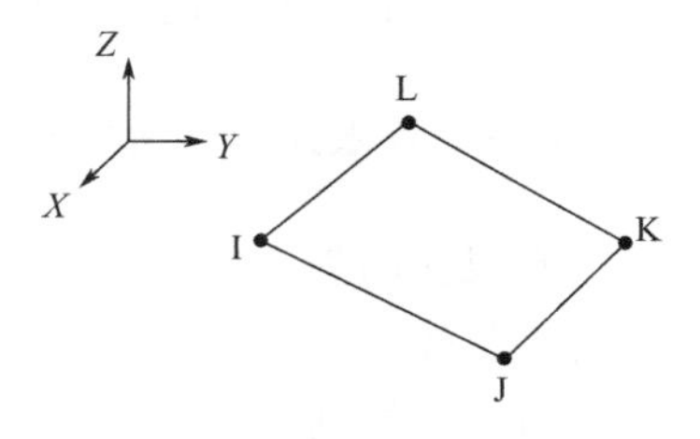

图 2-16 四边形四节点单元

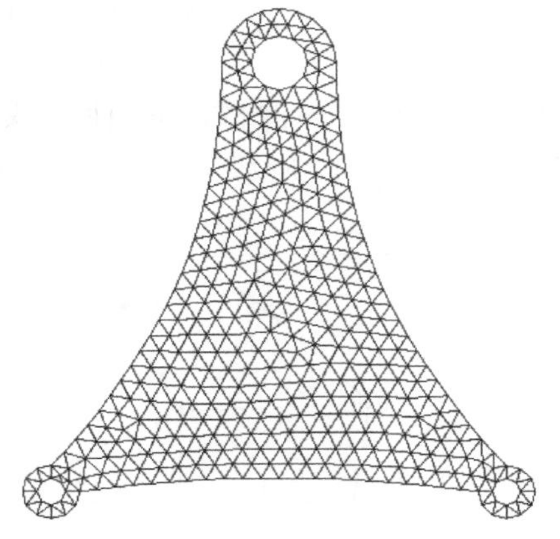

图 2-17 平面问题的三角形单元划分

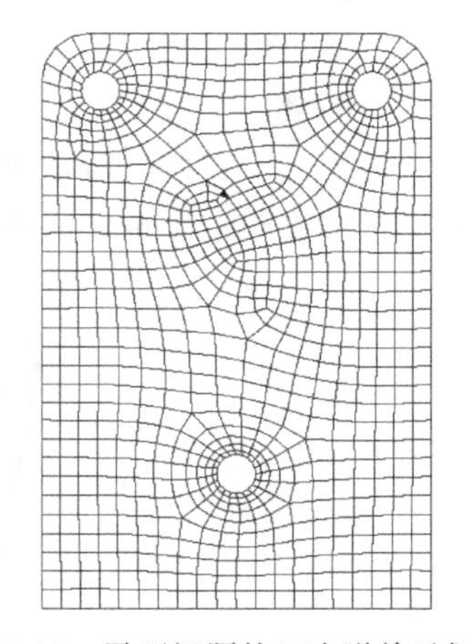

图 2-18 平面问题的四边形单元划分

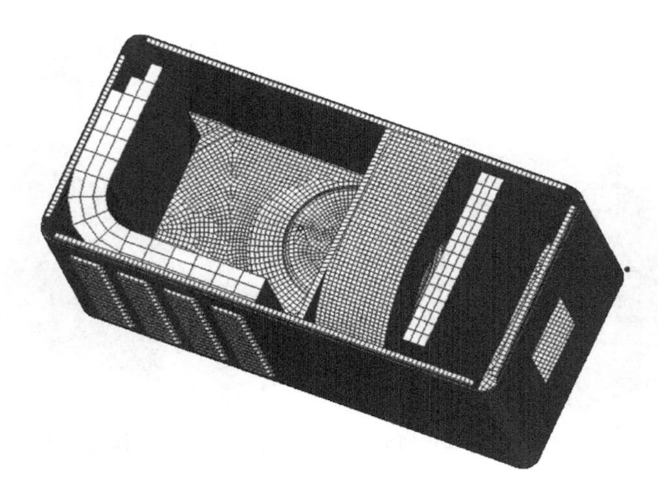

图 2-19 二维及三维混合网格划分

（2）单元分析

对于弹性力学问题，单元分析就是建立各个单元的节点位移和节点力之间的关系式。由于将单元的节点位移作为基本变量，进行单元分析首先要为单元内部的位移确定一个近似表达式，然后计算单元的应变、应力，再建立单元中节点力与节点位移的关系式。以平面问题的三角形三节点单元为例，如图 2-20 所示，单元有三个节点 i、j、m，每个节点有两个位移 u、v 和两个节点力 U、V。单元的所有节点位移、节点力，可以表示为节点位移向量（Vector）：

$$节点位移\ \{\delta\}^e=\begin{Bmatrix} u_i \\ v_i \\ u_j \\ v_j \\ u_m \\ v_m \end{Bmatrix}\quad 节点力\ \{F\}^e=\begin{Bmatrix} U_i \\ V_i \\ U_j \\ V_j \\ U_m \\ V_m \end{Bmatrix}$$

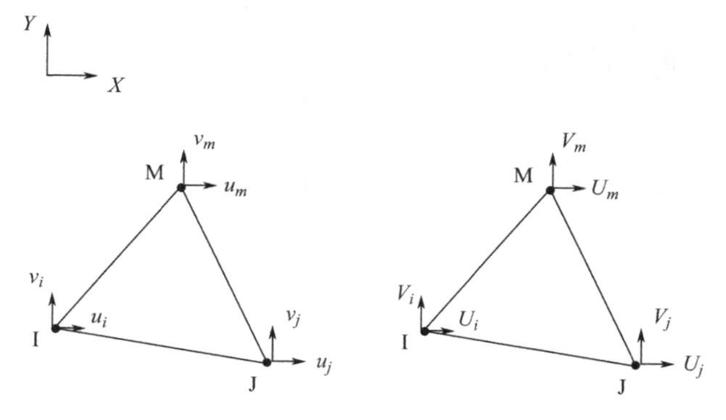

图 2-20　三角形三节点单元

单元的节点位移和节点力之间的关系用张量（Tensor）来表示：

$$\{F\}^e=[K]^e\{\delta\}^e \tag{2-44}$$

（3）整体分析

对由各个单元组成的整体进行分析，建立节点外载荷与节点位移的关系，以解出节点位移，这个过程称为整体分析。同样以弹性力学的平面问题为例，如图 2-21 所示，在边界节点 i 上受到集中力 P_x^i，P_y^i 作用。节点 i 是三个单元的结合点，因此要把这三个单元在同一节点上的节点力汇集在一起建立平衡方程。

i 节点的节点力为：

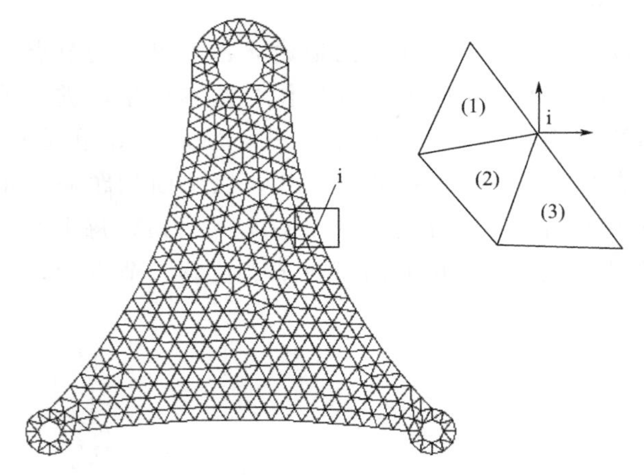

图 2-21 整体分析

$$U_{i}^{(1)}+U_{i}^{(2)}+U_{i}^{(3)}=\sum_{e}U_{i}^{(e)} \tag{2-45}$$

$$V_{i}^{(1)}+V_{i}^{(2)}+V_{i}^{(3)}=\sum_{e}V_{i}^{(e)} \tag{2-46}$$

i节点的平衡方程为：

$$\begin{cases}\sum_{e}U_{i}^{(e)}=P_{x}^{i}\\ \sum_{e}V_{i}^{(e)}=P_{y}^{i}\end{cases} \tag{2-47}$$

第三章

变形监测信息采集设备测试及应用

随着科技的发展，各种信息及图像采集技术越来越先进，影响着各行各业发展。二十年前，于承新教授将变形监测技术与信息技术结合，形成一套有效的变形监测信息系统。其中，变形监测信息的采集设备选择及应用是一项重要的难题，于承新教授探索使用数码相机代替传统价格昂贵的专业测量相机，经过长期试验及应用研究，取得了良好的效果，期间也使用三维激光扫描及GPS同时操作来对比各种变形监测方法的优缺点。本章主要介绍将手机、无人机等用于变形监测信息采集，并与数码相机采集的数据对比分析，探索该系统的更好的市场适用性。

3.1 数码相机

数码相机是一种利用电子传感器把光学影像转换成电子数据的照相机，集成了影像信息的转换、存储和传输等部件，具有数字化存取模式、与电脑交互处理、实时拍摄等特点。数码相机属于非专业测量摄像机，没有框标及定向设备，相机的内、外方位元素不稳定或不能记录，但其价格一般较低，且体积小、重量轻、使用轻便灵活，不受电磁现象干扰，同时生成的视频信号可直接与计算机相连，可成倍地加速摄影测量处理过程。作为其核心部分的光敏元件，其成像元件是电荷耦合器件（Charge Coupled Device，CCD）或者互补金属氧化物半导体（Complementary Metal Oxide Semiconductor，CMOS），特点是光线通过时，能根据光线的不同转化为电子信号。CCD的实质是一种半导体器件，其电荷注入方式有电注入和光注入两种（图像传感器通常采用光注入方式）。利用CCD的光电转换功能和电荷移位功能，并附以物镜等系统，构成 CCD 图像传感器或 CCD 摄像机。CCD 图像传感器有线阵结构和面阵结构两类。CCD 上有许多排列整齐的电容，CCD 上植入的微小光敏物件称作像素，一块 CCD 上包含的像素越多，提供的画面分辨率也就越高。如图 3-1 所示，当光线与图像从镜头透过、投射到 CCD 表面时，CCD 就会产生电流，将感应到的内容转换成数码资料存储起来。现代的计算机软硬件及精细加工工艺使 CCD 所获得的影像能够得到快速处理。

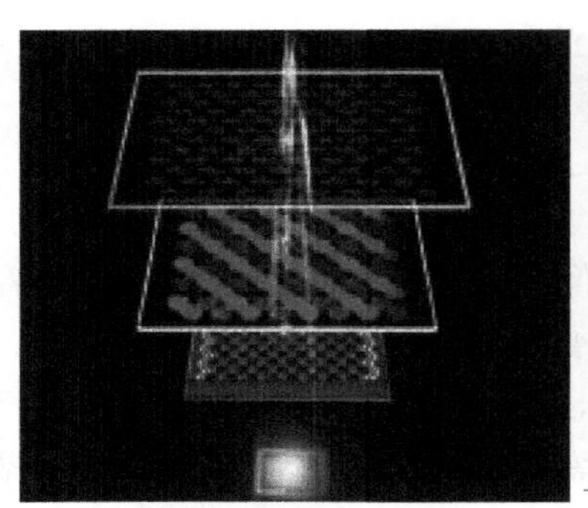

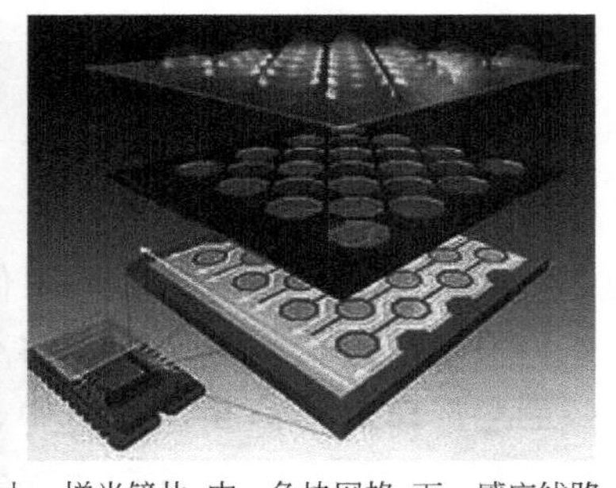

上：增光镜片 中：色块网格 下：感应线路

图 3-1 CCD 的成像原理

由于数码相机不同于以往的测量相机，通常测量需要考虑的指标有光学物镜的质量，如像素的分辨率。数码相机的 CCD 像素数目越多、单一像素尺寸越大，收集到的图像就会越清晰。通常“像素量”是衡量数码相机成像质量很重要的指标，它是输出或输入影像分辨率的体现，也是判断数码影像质量的主要标准。此外，数码相机的 CCD 感应器的结构、面积大小、所采用的影像存储方式和所用软件的性能等，也都与其成像质量有关。因此，CCD 传感器各感光元（像素）排列的整齐划一，以及传感器表面的平整度，对摄影测量成果的质量也是非常重要。在选择使用何种数码相机时，应在满足高分辨率的前提下，综合考虑其各项性能指标。

数码相机可拍摄黑白、彩色影像，也可连续拍摄动画影像。对于变形监测而言，通常选择黑白影像，以利于标志的自动识别，简化图像处理。

3.2 三维激光扫描仪

三维激光扫描仪（3D Laser Scanner）是内含扫描棱镜的快速激光测距仪，其扫描速度可达数万点每秒，通过高速激光发射器运用激光测距原理

（包括脉冲激光和相位激光），瞬时测得空间三维坐标值的测量仪器，如图 3-2 所示。其优点是：①激光扫描仪只要能有一个仪器立足点，就能以不接触被测物体的方式快速获取扫描范围高密度、高精度的三维点位，经由搭配的资料处理软件即可形成三维向量图形的空间资料；②主动式测量不需要可见光源，所以在黑暗的环境中也可以进行测量，有可见光源时，可同时获取被测点的色彩值，形成三维影像（3D Image），可方便建立虚拟实境。

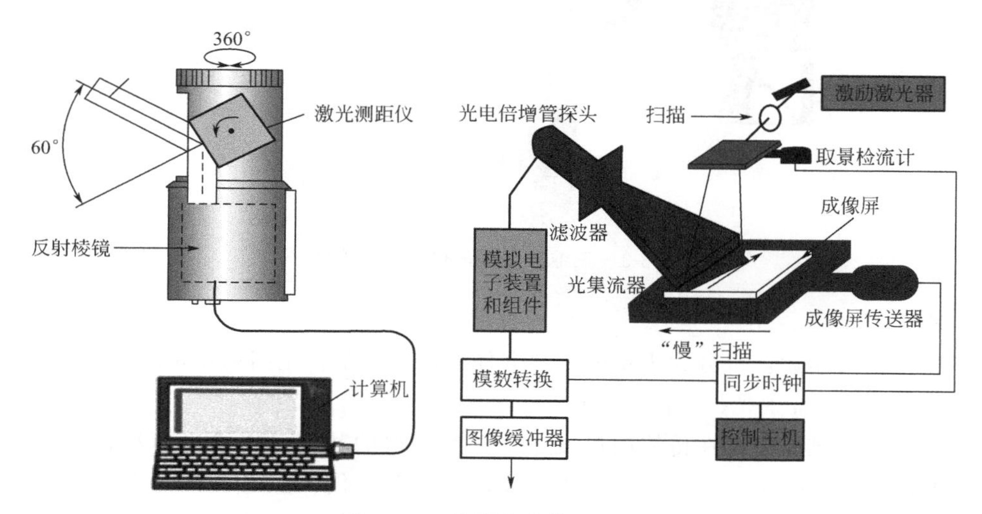

图 3-2　三维影像成像流程图

结构解析：三维激光扫描仪，其电子扫描探测器是专门为进行最佳高速扫描而设计的。激光束的垂直偏转角是通过一个包含几个反射表面的多面体来控制的。通过不断改变和调整多棱镜的旋转速度，可以得到不同的高速扫描速度，并可按不同的垂直扫描角进行扫描，将光学面进行 360°圆周旋转，可实现水平面内的全方位扫描。

工作原理：三维激光扫描仪的主要构造是由一台高速精确的激光测距仪，配上一组可以引导激光并以均匀角速度扫描的反射棱镜。激光测距仪主动发射激光，同时接收由自然物表面反射的信号，从而可以进行测距，针对每一个扫描点可测得测站至扫描点的斜距，再配合扫描的水平和垂直方向角，可以得到每一扫描点与测站的空间相对坐标。如果测站的空间坐标是已知的，那么则可以求得每一个扫描点的三维坐标。

三维激光扫描仪成像示意图如图 3-3 所示。

（1）三维激光扫描仪的分类

① 按测量方式：可分为基于脉冲式、基于相位差式、基于三角测距原

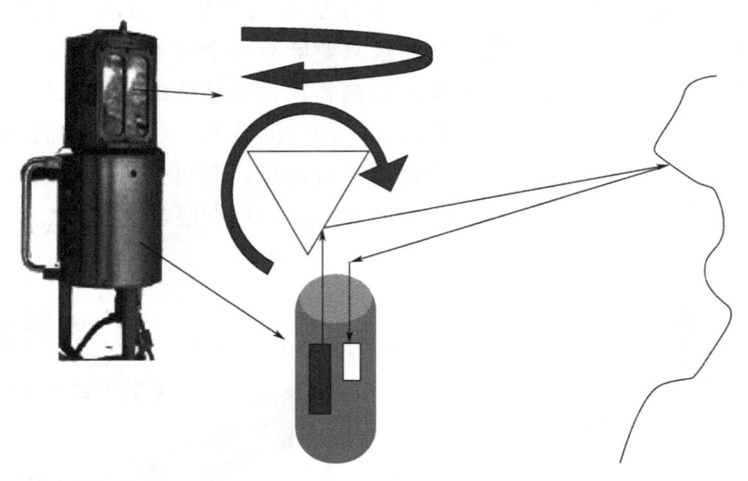

图 3-3 三维激光扫描仪成像示意图

理式。

② 按用途：可分为为室内型和室外型，也就是长距离和短距离的不同。

(2) 三维激光扫描仪的特点

① 三维激光：在传统测量概念里，所测得的数据最终输出的都是二维结果（如CAD出图）；在现在测量仪器中，全站仪、GPS比重居多，但测量的数据也都是二维形式。在逐步数字化的今天，三维已经逐渐地代替二维，因为其直观程度是二维无法表示的，现在的三维激光扫描仪每次测量的数据不仅仅包含 X，Y，Z 点的信息，还包括R，G，B颜色信息，同时还有物体反色率的信息，这样全面的信息能给人一种物体在电脑里真实再现的感觉，是一般测量手段无法做到的。

图 3-4 三维激光扫描仪 C10

② 快速扫描：快速扫描是随着扫描仪的诞生而产生的概念。在常规测量手段里，每一点的测量费时都在2～5s不等，更甚者，要花几分钟的时间对一点的坐标进行测量。在数字化的今天，这样的测量速度已经不能满足测量的需求。三维激光扫描仪的诞生改变了这一现状，最初每秒1000点的测量速度已经让测量界大为惊叹，而现在脉冲扫描仪（三维激光扫描仪C10，如图3-4所示）

最大速度已经达到50000点/s，相位式扫描仪（三维激光扫描仪Surphaser）最高速度已经达到120万点/s，这是三维激光扫描仪对物体详细描述的基本保证。

③ 应用领域：作为新的高科技产品，三维激光扫描仪已经成功应用于文物保护、城市建筑测量、地形测绘、采矿业、变形监测、工厂、大型结构、管道设计、飞机船舶制造、公路铁路建设、隧道工程、桥梁改建等领域。三维激光扫描仪，其扫描结果直接显示为点云（pointcloud，意思为无数的点以测量的规则在计算机里呈现物体的结果）。利用三维激光扫描技术获取的空间点云数据，可快速建立结构复杂、不规则场景的三维可视化模型，既省时又省力，这种能力是现行的三维建模软件所不可比拟的。

3.3 GPS

在全球范围内实时进行定位、导航的系统，称为全球卫星定位系统（Global Positioning System，GPS）。GPS起始于1958年美国军方的一个项目，1964年投入使用。20世纪70年代，美国陆海空三军联合研制了新一代卫星定位系统GPS。主要目的是为陆海空三军提供实时、全天候和全球性的导航服务，并用于情报收集、核爆监测和应急通信等一些军事任务。

许多灾害的发生与变形有着极为密切的联系，如地震、溃坝、滑坡以及桥梁的垮塌等，都是典型的变形破坏现象。因而，变形监测研究在国内外都受到广泛的重视。随着各种大型建筑的大量涌现以及滑坡等地质灾害的频繁发生，变形监测研究的重要性更加突出，推动着变形监测理论和技术方法的迅速发展。目前，变形监测正向多门学科交叉融合的综合性学科方向发展，成为相关学科的研究人员合作研究的领域。已有的研究工作涉及地壳、滑坡、大坝、桥梁、隧道、高层建筑、矿区等变形。

随着科学技术的进步和人们对变形监测要求的不断提高，变形监测技术也在不断地向前发展。全球定位系统GPS作为20世纪的一项高新技术，由于其具有定位速度快、全天候、自动化、测站之间无需通视、可同时测定点的三维坐标及精度高等特点，对经典大地测量以及地球动力学研究的诸多方面产生了极其深刻的影响，在工程及灾害监测中的应用也越来越广泛。然而，目前GPS在变形监测方面的应用也存在不足和局限性。

3.4 智能手机

随着智能化普及率越来越高，手机便于携带，手机拍摄、拍照也越来越先进方便。

智能手机的拍照功能很强，与数码相机相比各有特点，主要区别如下：

① 手机的镜头局限于形状、体积，就是一个广角定焦头。这样拍照片只能通过移动位置来取景，而且没有标头、长焦端，无法拍摄景深类照片，如虚化背景的小景深照片。而数码相机的镜头是其很大的优势，可变焦，可以拍长焦镜头。

② 快门速度。数码相机的快门速度很高，可以抓拍运动物体；而手机的快门速度差得多，适合拍静止画面。

③ cmos 尺寸。虽然近年来手机的 cmos 尺寸加大得很快，但目前手机拥有 1/2 英寸 cmos 就不错了，这跟数码相机 1 英寸，或者 35mm 相比差距很大。因此，手机的低照度拍摄能力要比数码相机差得多。

④ 智能手机在远距离拍摄变形图像时候，失真严重。

⑤ 照片的使用方面：智能手机拍照的优势在于，拍摄后立刻可以通过智能手机发布或者传输；而数码相机拍照后，照片需要传输到手机或者电脑中才能够使用。

⑥ 智能手机在变形监测中的优势是方便操控，可以通过声控，并在规定的时间内，定时抓拍等时间量的变形图片，更容易得到变形图像信息。

首先，最直接、最根本的区别就是，相机的感光元件要比手机的大得多，也就直接决定了成像质量上，尤其是弱光环境下相机拍摄的照片质量会比手机好很多。其次，相机一般会有光学变焦功能，目前很少有手机具备这个功能。再次，相机的闪光灯效果会比一般的手机 LED 补光灯效果好。最后，相机一般都具备光学防抖功能，而手机有这个功能但比较差。因为手机感光元件小，同时不具备光学防抖，所以拍摄时容易出现画面模糊的情况。

3.5 无人机

无人机是通过无线电遥控设备或机载计算机程控系统进行操控的不载人飞行器，其结构简单、使用成本低。无人机航拍摄影是以无人驾驶飞机作为空中平台，以机载遥感设备，如高分辨率CCD数码相机、轻型光学相机、红外扫描仪、激光扫描仪、磁测仪等设备获取信息，用计算机对图像信息进行处理，并按照一定精度要求制作成图像。无人机全系统在设计和最优化组合方面具有突出的特点，集成了高空拍摄、遥控技术、遥测技术、视频影像微波传输和计算机影像信息处理等新型应用技术。航拍无人机如图3-5所示。

图3-5　航拍无人机

使用无人机进行的小区域遥感航拍技术，在实践中取得了明显成效和经验。无人机航拍影像具有高清晰、大比例尺、小面积、高现势性的优点，特别适合获取带状地区航拍影像（公路、铁路、河流、水库、海岸线等）。且无人驾驶飞机为航拍摄影提供了操作方便、易于转场的遥感平台。起飞降落受场地限制较小，在操场、公路或其他较开阔的地面均可起降，其稳定性、安全性好，转场较容易。

使用无人机航拍的特点有：

① 快速反应。无人机航测通常低空飞行，空域申请便利，受气候条件影响较小。对起降场地的要求限制较小，可通过一段较为平整的路面实现起降，在获取航拍影像时不用考虑飞行员的飞行安全，对获取数据时的地理空域以及气象条件要求较低，能够解决人工探测无法达到的地区监测功能。

② 时效性性价比。传统高分辨率卫星遥感数据一般会面临两个问题：第一是存档数据时效性差；第二是编程拍摄可以得到最新的影像，但一般时间较长，同样时效性相对也不高。无人机航拍则可以很好地解决这一难题，工作组可随时出发，随时拍摄。

③ 监控区域受限制小。传统的大飞机航飞国家有规定和限制，如航高大于5000m，这样就不可避免地存在云层的影响，妨碍成图质量。另外还有一定的危险，在边境地区也存在边防的问题。而无人小飞机就很好地

解决了这些问题，其不受航高限制，成像质量、精度都远远高于大飞机航拍。

④ 地表数据快速获取和建模能力。无人机携带的数码相机、数字彩色航摄像机等设备可快速获取地表信息，获取超高分辨率数字影像和高精度定位数据，生成DEM、三维正射影像图、三维景观模型、三维地表模型等二维、三维可视化数据，便于进行各类环境下应用系统的开发和应用。

第四章

变形监测信息系统架构及验证

4.1 变形监测信息系统架构

本书依据数字近景摄影测量原理，采用数字图像采集设备（以数码相机为主）代替专业相机的方法，解决了其存在畸变差的问题。利用误差消除原理设计一款变形监测系统，结合图像处理软件，可通过对比变形点位移细微变化，得出建筑物的动态变形曲线图。本套系统的监测流程图如图 4-1 所示。

（1）现场勘查

专家对建筑现场进行调查，确定建筑结构、年限、负载、当地地形等基本信息。

（2）监测点位选择

根据桥梁、建筑物的建筑结构，根据结构力学等原理，对重要点位进行监测；对于易劳损、受力较大点位进行监测；对其他要求点位进行监测。

（3）相机布置与纠偏

对一点或多点进行多方位数字相机布置，并在使用前对相机进行纠偏，消除畸变差影响。这一举措解决了数字相机没有内外坐标的难题，使数字相机应用于变形监测成为可能。

（4）数据采集

用多部数字相机对桥梁、建筑物进行多角度、全方位数据采集。从数据源头形成大数据，确保监测数据结果位于正态分布置信区间内。

（5）计算机软件分析

数字相机的优点在于可以传递数字信号，将采集到的相片以数字信号

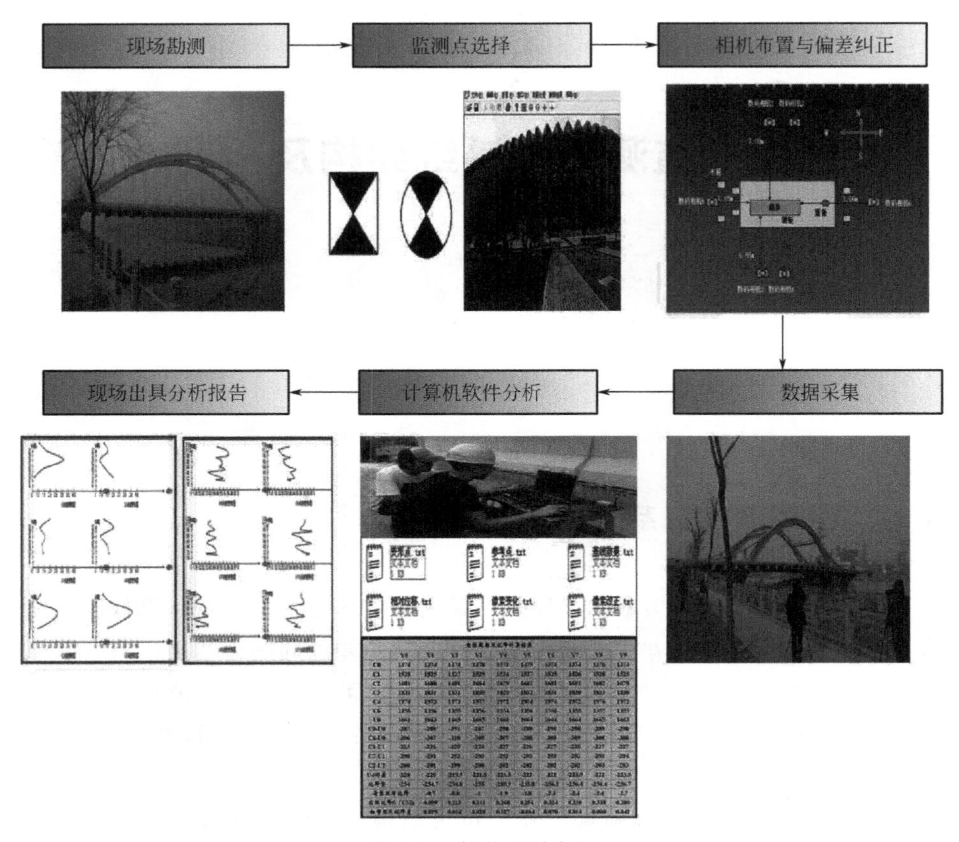

图 4-1 变形监测流程

的形式传递到计算机。通过自主研发的计算机成像分析软件对大量数据进行解算，主要进行内容处理和变形值计算，如图 4-2 及图 4-3 所示。

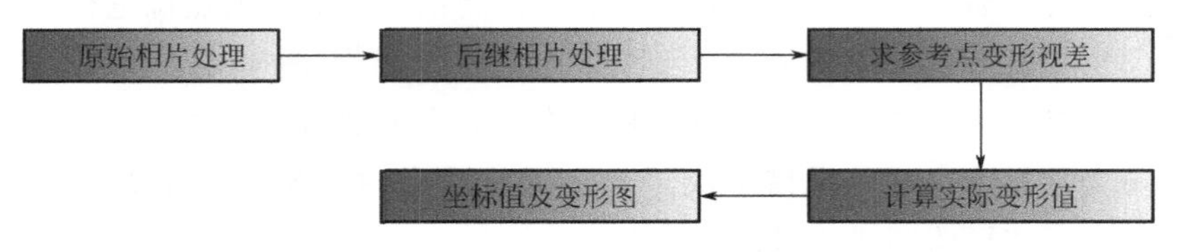

图 4-2 计算机软件数据处理流程图

(6) 现场出具分析报告

对监测结果进行分析。整个解算过程最快需 15min 完成，实现了内外作业一体化，监测效率和精度大大提高。

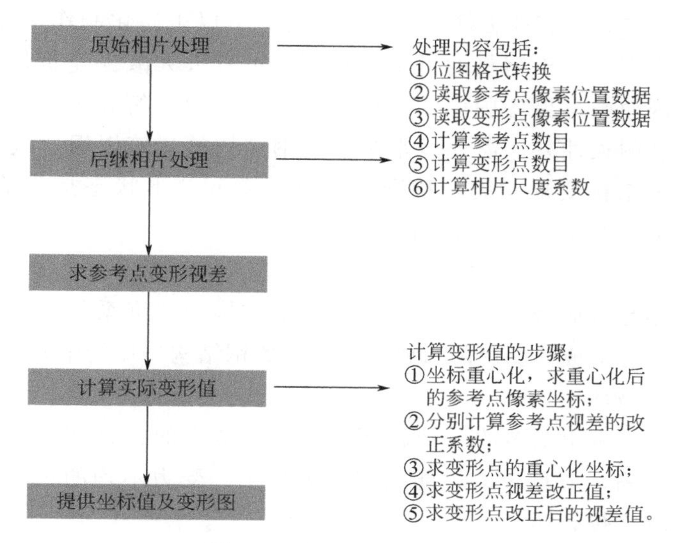

图 4-3　处理流程详细描述

4.2　钢结构极限变形监测试验

钢结构常用于跨度大、高度大、荷载或动力作用大的各种工程结构，以及需要经常装拆或搬迁的结构；轻型钢结构则因其布置灵巧和制造安装方便而常用于小跨度、轻屋面的各类房屋。此外，钢结构还常用于大跨度铁路和公路桥梁、水工闸门、起重机结构和海洋采油平台结构等工程中。在不同钢结构中，钢材的受力情况和性能要求各有差别。钢材在受力时的破坏通常伴随有很大变形的塑性破坏，有些情况下也可能是没有明显变形征兆的突然发生的脆性破坏。在受震动影响下，钢结构的破坏机理较为复杂，对结构安全的影响尤为显著，因此对施工中和已完工的钢结构进行实时变形监测并进行预警具有非常重要的现实意义。

4.2.1　钢结构特性及研究意义

钢结构指的是由工字钢、槽钢、角钢等型钢和钢板组成的承重构件或承重结构的统称，如钢梁、钢屋架、钢框架、钢塔架及刚货架等都是常见的钢结构。

钢结构建筑相比传统的混凝土建筑而言，用钢板或型钢替代了钢筋混凝土，强度更高，抗震性更好。并且由于构件可以工厂化制作，现场安装，可大大减少工期。由于钢材的可重复利用，可以大大减少建筑垃圾，更加绿色环保，因而被世界各国广泛采用，应用在工业建筑和民用建筑中，但其耐锈蚀性和耐火性差，需要经常维护。钢结构的建筑坍塌事故还是时有发生，监测钢结构变形状态，特别是监测其瞬间变形状态是非常必要的。钢结构建筑坍塌的原因一般分为以下几点。

（1）结构倒塌

结构倒塌是破坏最严重的形式。一般钢结构的强度系数和抗变形刚度分布不均匀，会造成薄弱层的形成，这是导致钢结构坍塌的主要原因之一。

（2）节点破坏

节点破坏是发生最多的一种破坏形式。在节点的设计和施工中，构造及焊缝存在缺陷，节点区就可能出现应力集中、受力不均的现象，在地震中很容易出现连接破坏。

（3）构件破坏

在受外力影响时，钢结构支撑发生破坏和失稳，局部框架柱出现水平裂缝或断裂破坏，致使钢结构构件破坏。

钢结构施加快速荷载情况下的特性：金属材料的应变率敏感性界限在 $10^{-3}\sim10^{3}s^{-1}$ 之间。当应变率低于 $10^{-3}s^{-1}$ 时，属于准静态情况，应变率效应可略去不计。欧洲标准委员会的钢结构设计规范把加荷速率分为二级：R1 级为静力及缓慢加荷，适用于承受自重、楼面荷载、车辆荷载、风及波浪荷载以及提升荷载的结构；R2 级为冲击荷载，适用于高应变速率，如爆炸和冲撞荷载。

钢结构的冲击变形过程特性分析：实际生产工程中的钢结构会有各种各样的受力形式，钢结构变形有弹性阶段、弹塑性阶段、屈服阶段。

① 弹性阶段。此时的荷载-位移（挠度）曲线保持直线变化，位移很小，这时如果试件卸荷，荷载-位移（挠度）曲线将回至荷载为零，位移也为零，即没有残余的永久变形。这时钢材处于弹性工作阶段，所发生的变形称为弹性变形。

② 弹塑性阶段。这一阶段荷载与位移（挠度）不再保持直线变化而呈曲线关系。这时如果卸荷，至荷载为零时，位移（挠度）仍保持一定数值。这一阶段构件既包括弹性变形，也包括塑性变形，因此称为弹塑性阶段。其中，弹性变形在卸荷后可以恢复，塑性变形在卸荷后仍旧保留，故塑性变形又称为永久变形。

③ 屈服阶段。这一阶段荷载不再增加，挠度却可以继续增加。

在轴心压力下，理想的构件（指杆件本身是绝对直杆，材料是均质、各向同性、无荷载偏心，在荷载作用之前，内部不存在初始应力）可能发生三种形式的屈曲（即构件丧失稳定）：一种是弯曲屈曲，构件的轴心线由直线变成曲线，这时构件绕一个主轴弯曲；一种是扭转屈曲，构件绕轴线扭转；还有一种是构件在产生弯曲变形的同时，伴有扭转变形的弯扭屈曲。轴心受压构件以什么样的形式屈曲，主要取决于截面的形式和尺寸、杆的长度和杆端的支撑条件。对于一般双轴对称截面的轴心受压的细长构件，其轴心线由直线变成曲线，这时构件绕一个主轴弯曲。构件中央总挠度计算公式为：

$$v_{\mathrm{m}} = v_0 + v = \frac{v_0}{1 - N/N_{\mathrm{E}}} \tag{4-1}$$

式中，构件中点处的初弯曲挠度 v_0 约为杆长 l 的 1/500～1/2000；N_{E} 为欧拉临界力：

$$N_{\mathrm{E}} = \frac{\pi^2 EI}{l^2} \tag{4-2}$$

式中，E 为材料的弹性模量；I 为构件截面绕屈曲方向中性轴的惯性矩；l 为构件的长度；EI 代表截面的抗弯强度。

在不同钢结构中，钢材的受力情况和性能要求各有差别。钢材在受力时的破坏通常伴随有很大变形的塑性破坏，但有些情况下也可能是没有明显变形征兆的突然发生的脆性破坏。

4.2.2 钢结构变形试验设计及过程

4.2.2.1 计算思路及计算过程

（1）计算原理

根据能量守恒定律，如图 4-4 模型所示，利用公式 $Ft = mv$ 模拟碰撞所需力量的大小。

由公式

$$mgl(1 - \cos\theta) = \frac{1}{2}mv^2 \tag{4-3}$$

可以得到：

$$F = \frac{mv}{t} = \frac{5.94m}{t}\sin\frac{\theta}{2} \tag{4-4}$$

式中，θ 的单位为角度。

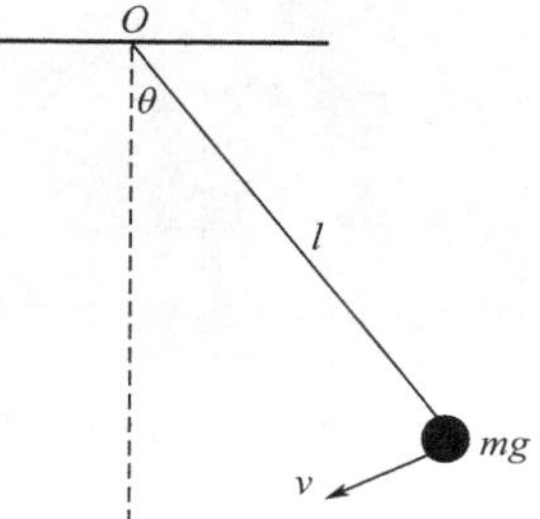

图 4-4　能量守恒原理图

（2）计算过程

如图 4-4 所示，取角度 θ 分别为 20°，40°，60°，75°，80°，质量 m 分别为 5，10，15，20，25，27（单位：kg），列出如图 4-5 所示计算公式。

B4 =5.94*A4*(SIN(B3*(3.14)/360))

1 计算 *mv* 公式

动量 *mv*	角度				
m	20	40	60	75	80
5	5.1548	10.1531	14.8432	18.0724	19.0827
10	10.3095	20.3061	29.6863	36.1448	38.1655
15	15.4643	30.4592	44.5295	54.2172	57.2482
20	20.6191	40.6122	59.3727	72.2896	76.3310
25	25.7738	50.7653	74.2159	90.3620	95.4137
27	27.8357	54.8265	80.1531	97.5909	103.0468

图 4-5　mv 的计算公式

4.2.2.2　试验过程

（1）试验准备

① 框架制作（图 4-6）。

② 参考点、变形点（图 4-7）的制作。将参考点做成方形，变形点做成圆形。

图 4-6　用于试验的钢件

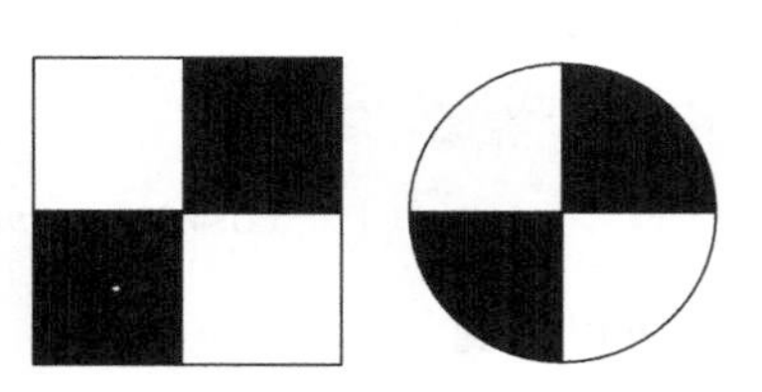

图 4-7　参考点与变形点

③ 数码相机（表 4-1）选取。

表 4-1　试验所用数码相机一览表

型号	像素/px	性能	备注
Canon Eos 300	600	高档单反	—
Sony Dsc-S85	400	中档	2 台
Sony Dsc-T5	500	中低	—
Sony DSLR-A350	1420	高档单反	—
Canon Ixus 70-Sd 100	320	中低	—
Canon Ixus 430-S410	400	中低	—

（2）正式试验

两次试验数据如表 4-2 和表 4-3 所示。

表 4-2　第一次试验

哑铃重量/kg	冲击物挂绳与钢件的角度/(°)			
5	20	40	60	75
7	20	40	60	75
9.2	20	40	60	75

表 4-3　第二次试验

哑铃重量/kg	冲击物挂绳与钢件的角度/(°)			
7	20	40	60	75
10.2	20	40	60	75
14.5	40	50	60	75

第三次：采取静压力破坏试验。

用压力机不断垂直加压，直至钢件出现明显塑性变形为止。具体数据如下：17.5T，3T，3.6T，4T，4.5T，5T，5.5T。

（3）照片拍摄

分 L 组、R 组和对角线三个方向拍摄，L 组和 R 组每组三部数码相机，对角线上一部相机，如图 4-8 所示。

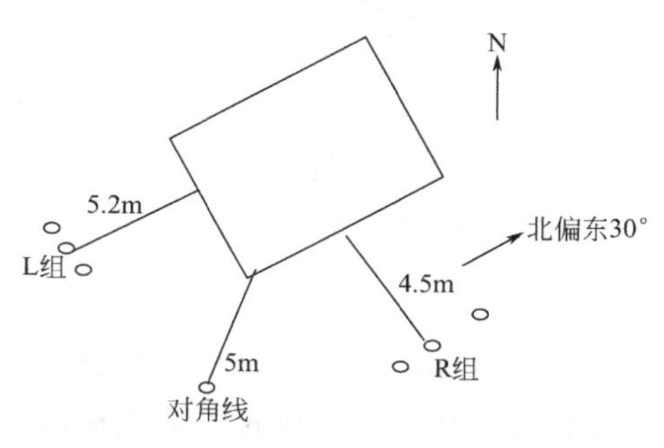

图 4-8　相机布设图

4.2.2.3　试验结果分析

在实践中，我们采用高像素的数码相机，利用研制的数据处理系统，满足了钢结构震动变形监测的需要。为了提高精度，对试验中使用的数码相机进行了误差分析及误差消除。从数据的分析可以看出，对钢结构未加固定与固定两种模式的测量结果均符合钢结构变形的特征，所得出的测量数据与实际高精度测量数据相比较可以达到高精度变形监测的要求。

本次试验是使用变形监测信息系统针对钢结构进行弹性变形试验、极限施压破坏性试验来验证软件的有效性，经过精心设计的钢结构模型，进行人为可控、可计算外力使得钢结构产生变形，并及时进行数据采集、处理，获得变形曲线图（图 4-9、图 4-10），再根据钢结构受外力产生的变形特性，分析变形曲线是否能够真实反映钢结构变形状态，是否能够反映出钢结构破坏性变形瞬间状态。试验证明，对该钢结构模型不同方向变形点的监测所得出的图形来分析，这套软件真实有效地反映了变形状态，而且对瞬间变形的捕捉效果显示出极大的优势，并且对实际监测场地的要求更加宽松，便于实现较远距离的监测工作。

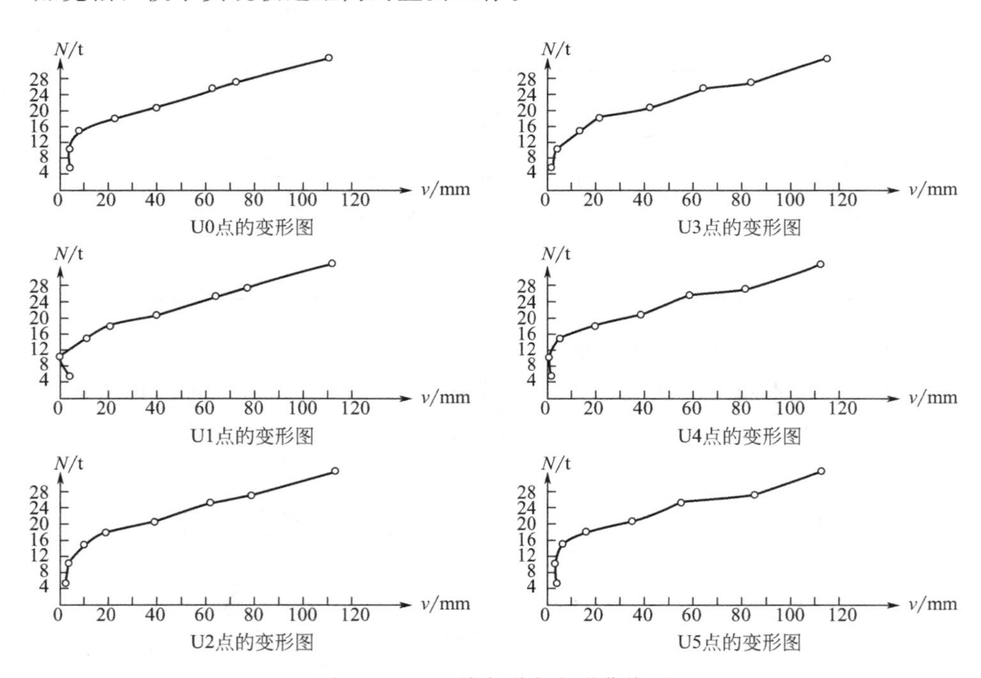

图 4-9　0～5 号变形点变形曲线图

此次试验的成果，预示着该系统可用于塔吊等一些施工过程中人难以到达或难以实现实时监测的建筑机械或建筑物，可在其附近安装各项性能

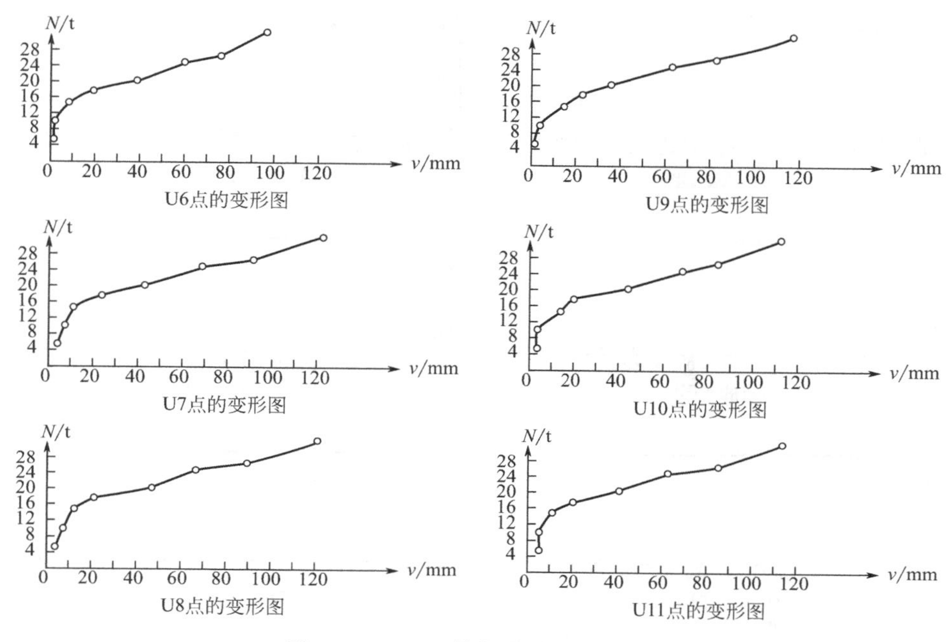

图 4-10　6～11 号变形点变形曲线图

指标较高的摄像镜头，定时获取影像数据，实时传输，用该系统进行数据处理，则可实现对建筑物、构筑物的实时监控，避免危险事故的发生。

4.2.3　在钢结构模型震动变形中的应用研究

钢结构模型震动试验现场如图 4-11 所示。变形监测信息系统在钢结构模型震动变形中监测的结果如图 4-12 和图 4-13 所示。

图 4-11　钢结构模型震动试验现场照片

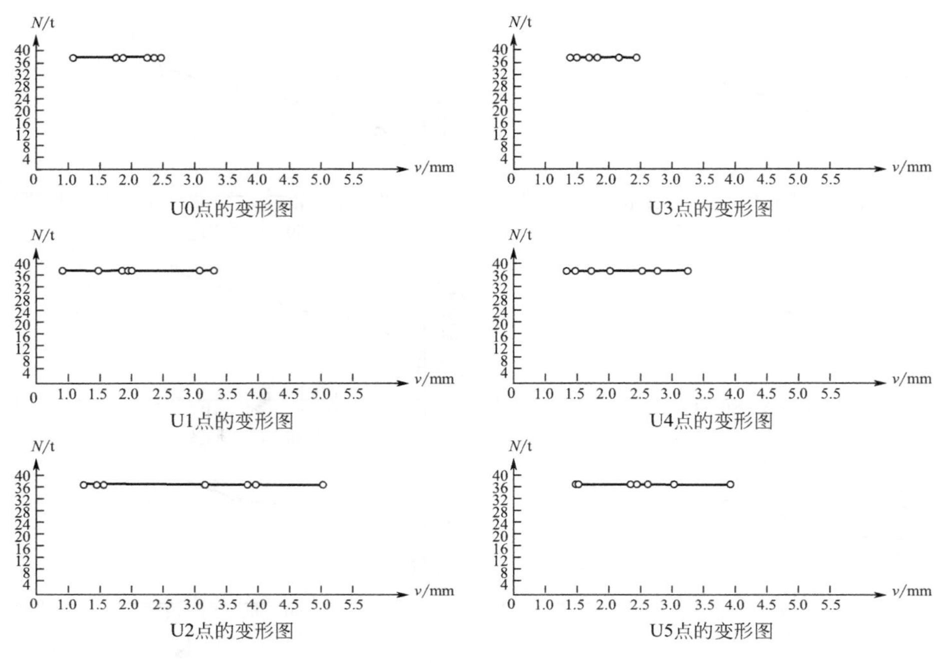

图 4-12 3 号相机 30cm 高度变形结果图

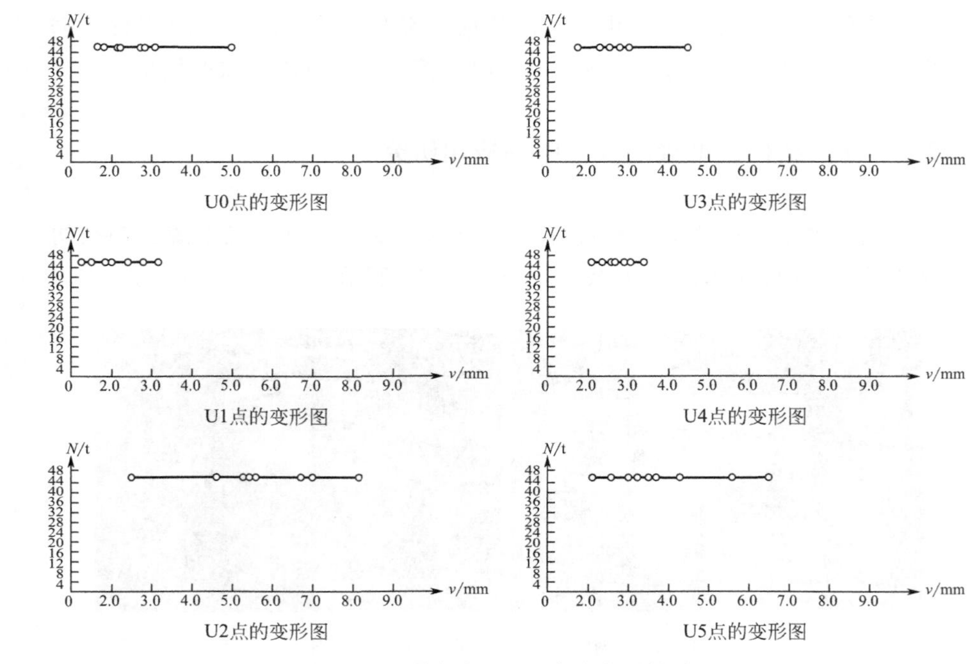

图 4-13 3 号相机 40cm 高度变形结果图

4.3　砌体结构极限变形监测试验

由砌体建成的建筑物和构筑物，在地震动作用下，会因受到水平和竖直方向地震剪力的作用，在结构薄弱部位和受力复杂部位产生裂缝，造成墙体开裂、局部倒塌甚至整体倒塌，严重威胁人民生命财产安全。因此，对于砌体结构进行地震动变形监测，以确定其抗震等级和在地震动作用下的破坏情况十分必要。

4.3.1　砌体结构特性及研究意义

砌体是一种传统的墙体材料，由砖、石或砌块组成，是常用的建筑材料。随着建筑业的蓬勃发展，新型墙体材料不断涌现，扩大了其应用的领域。砌体结构使用的是脆性材料，而且整个结构由块体砌筑而成，整体性不好，其抗拉和抗剪能力均很低，在强烈地震作用下，易于发生脆性的剪切破坏，从而导致房屋的破坏和倒塌。因此，一般传统的砌体结构房屋抗震性能较差。特别是未经抗震设计的多层砌体房屋，在强震中会普遍发生严重的破坏。

砌体结构按其配筋率可分为无筋砌体、约束砌体和配筋砌体三类。有少量的拉结筋为无筋砌体；约束砌体用于地震设防地区，在墙段边缘设置边缘构件（钢筋混凝土构造柱），墙段上下设置有圈梁；配筋砌体适用于10层以上的中高层建筑，配筋率也接近于剪力墙结构。尽管砌体结构的抗震性能不强，但根据我国的基本国情和砌体结构的一些优势（就地取材、施工方便、造价相对低廉、良好的耐久性、耐候性及耐火性等），砌体结构仍是近期或者相当一段时期内被沿用的一种结构形式，在我国各类建筑中仍占80%以上的比例。

2008年5月12日14时28分，在四川省汶川县映秀镇发生里氏8级地震。在此次震灾中，大量农村的砌体结构房屋损毁，造成了巨大的生命、财产损失。前车之鉴，是值得我们认真反思的。

砌体结构在受震动下的破坏情况主要有：

① 房屋倒塌。汶川及周边城镇的城市建设初具规模，因此城区建筑以钢筋混凝土框架结构居多，但在郊区和农村地区则多为居民的自建房屋，以砌体结构居多，且所选的建设场地很随意，这些砌体结构建筑在这次地

震中普遍遭受严重破坏，如图 4-14 所示。此次震灾中完全垮塌的房屋里，砌体结构占了绝大多数。这些房屋虽然修建于不同年代，但均为自建自住，没有设计图纸，没有正规单位施工，墙体大多就地取材，以石材或 180mm 厚和 120mm 厚的砼空心砌块或者黏土砖为主，绝大部分为石灰混合砂浆砌筑；楼面为砼预制板，无圈梁、构造柱等抗震构件。这种抗震性能极差的房屋基本都在地震中完全垮塌。

图 4-14　砌体结构倒塌与开裂典型

地震时，当结构下部，特别是底层墙体强度不足时，易造成房屋底层倒塌，从而导致房屋整体倒塌；当结构上部墙体强度不足时，易造成上部结构倒塌，并将下部砸坏；当结构平、立面体型复杂又处理不当，或个别部位连接不好时，易造成局部倒塌。

② 墙体开裂。砌体结构墙体在地震作用下可产生不同形式的裂缝。与水平地震作用方向相平行的墙体受到平面内地震剪力以及竖向重力荷载的共同作用，当该墙体内的主拉应力超过砌体强度时，就会产生斜裂缝或交叉斜裂缝；当墙体受到与之方向垂直的水平地震剪力作用时，会产生水平裂缝。

③ 纵横墙连接处破坏。在水平及竖向地震作用下，纵横墙连接处受力复杂，应力集中。当纵横墙交接处连接不好时，易出现竖向裂缝，甚至造成墙体倒塌。

④ 墙角破坏。墙角位于房屋端部，受房屋整体约束较弱，地震作用产生的扭转效应使其产生集中应力，纵横墙的裂缝又往往在此相遇，因而成为抗震薄弱部位之一。其破坏形态多种多样，受压竖向裂缝、块材被压碎或墙角脱落。

⑤ 楼梯间墙体破坏。楼梯间一般开间较小，其墙体分配承担的地震力

较多，而在高度方向上又缺乏有力支撑，稳定性差，易造成破坏，影响逃生及救援。

⑥ 楼、屋盖破坏。主要是由于楼板或竖梁在墙上支承长度不足，缺乏可靠拉结措施，在地震时造成楼、屋盖塌落。

现代砌体结构正在向高层、抗震方向发展，改进其抗震性能的研究也逐渐增多。因此，通过变形监测信息系统对简单砌体结构进行地震动作用下的变形监测，着重研究和分析地震动作用下砌体结构的裂缝发展模式以及破坏状态，可以为完善砌体结构的抗震设计理论提供依据，同时对于确保人民生命财产安全，尽最大能力减少汶川地震重大损失的重复发生具有重要意义。

4.3.2 砌体结构变形试验设计及过程

4.3.2.1 试验目的

据相关设计规范的要求和实际工程设计经验，综合考虑各方面的影响因素，抓住关键问题，本小节设计了一段长 1.2m、高 0.8m 的一面砖墙，将其放置于底部挖空的钢板之上，进行加载试验，并拍下不同高度重锤下落时的瞬间照片。通过照片对比，观察墙体的裂缝开展情况，并比较分析裂缝形态；绘制砌体构件的荷载-挠度图，分析不同程度的烈度下对砌体裂缝发展和位移的影响；通过现象分析和数据处理，得出结论，达到以下试验目的。

实现砌体结构在地震动作用下的变形分析，以充分了解在地震动过程中的每一瞬间结构的变形情况，从而达到加强其抗震性能的目的。通过对简单砌体结构的变形监测，着重研究和分析地震动作用下砌体结构的裂缝发展模式以及破坏状态，以期为完善砌体结构的抗震设计理论提供依据。从连续观测着手，用变形监测信息系统观察地震动对砌体结构的破坏，从而发现砌体结构的变形规律，并指导砌体结构的加固。

4.3.2.2 方案设计

将一段长 1.2m，高 0.8m 的“24cm”砖墙砌筑于悬空的长 2.3m、宽 1.5m，厚 1.5cm 的钢板上，如图 4-15 所示。砖墙用石灰砂浆拌水泥砌筑，标号介于 M2.5 和 M5.0 之间。砖砌体通常采用一顺一丁、梅花丁和三顺一丁等砌法（图 4-16），本试验砖墙采用“一顺一丁”方式砌筑，为“24cm”墙。

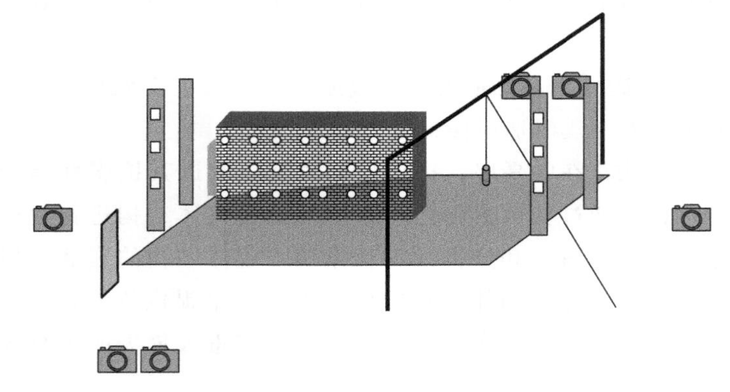

图 4-15 试验现场效果图

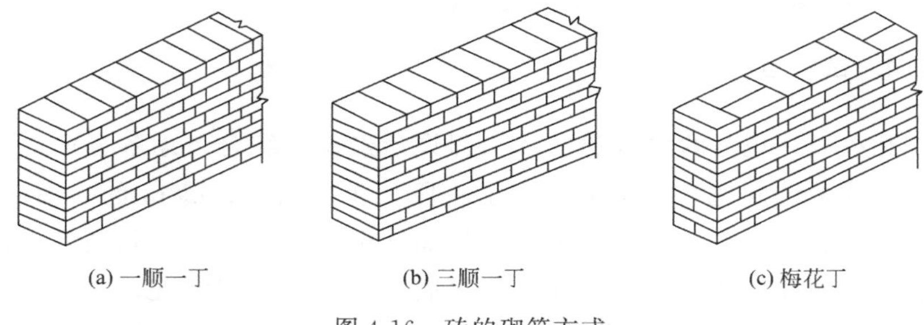

图 4-16 砖的砌筑方式

为保证试验效果，本实验采用具有较强弹性和强度的锰钢钢板，然后采用冲击锤从不同高度落下，冲击悬空的钢板，产生地震动对砌体造成破坏。在冲击瞬间，实验人员用数码相机捕捉冲击瞬间砌体变形情况，然后用计算机处理照片中的变形点与参考点数据，观察变形点与参考点的相对位移，从而确定砌体的变形。

在砌体砖墙南北方向合适距离各放置两台数码相机，在东西方向各放置一台数码相机用于现场拍摄。在砌体砖墙东侧距离墙体 30cm 位置上空架设脚手架，将重锤悬挂于脚手架之上，按照由低到高的顺序依次做自由落体，使其对钢板产生冲击，钢板产生震动波带动墙体震动，从而达到模拟地震动的目的。在重锤与钢板接触的瞬间进行拍照，捕捉冲击瞬间砌体的变形情况，然后进行数据分析。

4.3.2.3 冲击力的计算

根据冲量守恒定律，如图 4-17 模型所示，物体以初速度 0 自由下落，我们根据能量守恒定律确定物体碰撞时的瞬时速度，再利用公式 $Ft=mv$ 模拟碰撞所需力量的大小。

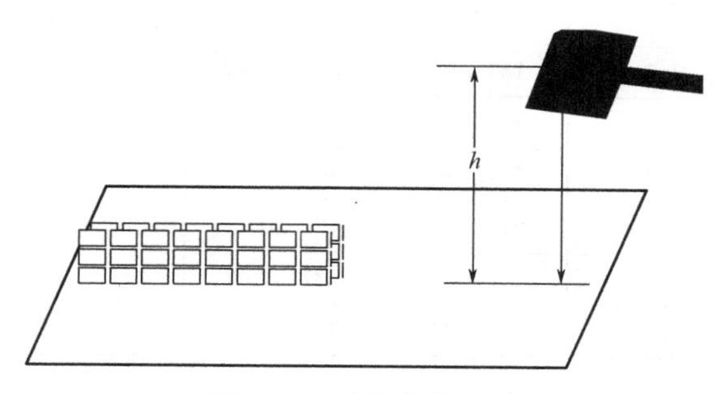

图 4-17　冲击力演示图

由能量守恒定律公式：

$$mgh=\frac{1}{2}mv^2 \tag{4-5}$$

可以推出冲击锤开始接触钢板时的初速度为：

$$v=\sqrt{2gh} \tag{4-6}$$

从而得到，冲击力计算公式：

$$F=\frac{mv}{T}=\frac{m\sqrt{2gh}}{T} \tag{4-7}$$

式中，T 为冲击锤与钢板的撞击时间。

为简化试验中的数据处理过程，我们将不同高度重锤下落对应的动量值和不同冲击时间对应的冲击力列于表 4-4。

表 4-4　计算动量 mv 及瞬间冲击力 F 的过程

试验次数	高度 h/m	动量 mv /(kg·m/s)	冲击力 F/N		
			$T=0.05$	$T=0.1$	$T=0.2$
1	0.3	60.6218	1212.4356	606.2178	303.1089
2	0.6	85.7321	1714.6428	857.3214	428.6607
3	0.9	105.0000	2100.0000	1050.0000	525.0000
4	1.2	121.2436	2424.8711	1212.4356	606.2178
5	1.5	135.5544	2711.0883	1355.5442	677.7721
6	1.8	148.4924	2969.8485	1484.9242	742.4621
7	2.1	160.3901	3207.8030	1603.9015	801.9507
8	2.4	171.4643	3429.2856	1714.6428	857.3214

续表

试验次数	高度 h/m	动量 mv /(kg·m/s)	冲击力 F/N		
			T=0.05	T=0.1	T=0.2
9	2.7	181.8653	3637.3067	1818.6533	909.3267
10	3	191.7029	3834.0579	1917.0290	958.5145
11	3.3	201.0597	4021.1939	2010.5969	1005.2985
12	3.6	210.0000	4200.0000	2100.0000	1050.0000
13	3.9	218.5749	4371.4986	2185.7493	1092.8746
14	4.2	226.8259	4536.5185	2268.2592	1134.1296

4.3.2.4 试验具体过程

(1) 试验场地布置及试验前准备

本试验选取了一个正在进行地基处理的建筑工地作为试验场地，该场地空间开阔，土质坚实，满足本次试验的要求，如图 4-18 所示。

图 4-18 试验场地鸟瞰图

本次试验现场平面示意图如图 4-19 所示。本次试验共使用 7 台数码相机，在南北主拍摄位置同时布置两台相机，相互验证补充，在东西次拍摄位置各布置一台，另外一台对试验过程进行拍摄。在钢板东西两侧震动影响范围外竖立 6 根木桩，在其上粘贴参考标志。

挖好凹坑，放置好钢板及砌筑墙体，并在两边搭置好支架。本次试验支架如图 4-20 所示，用于提升重锤到一定高度，具有较高的安全性与稳定性。本次试验要求使墙体产生明显破坏，因此要求冲击重物能提升至足够高度。现场空间较大，采用了三角支架外加辅助稳固支架的方式，保证升

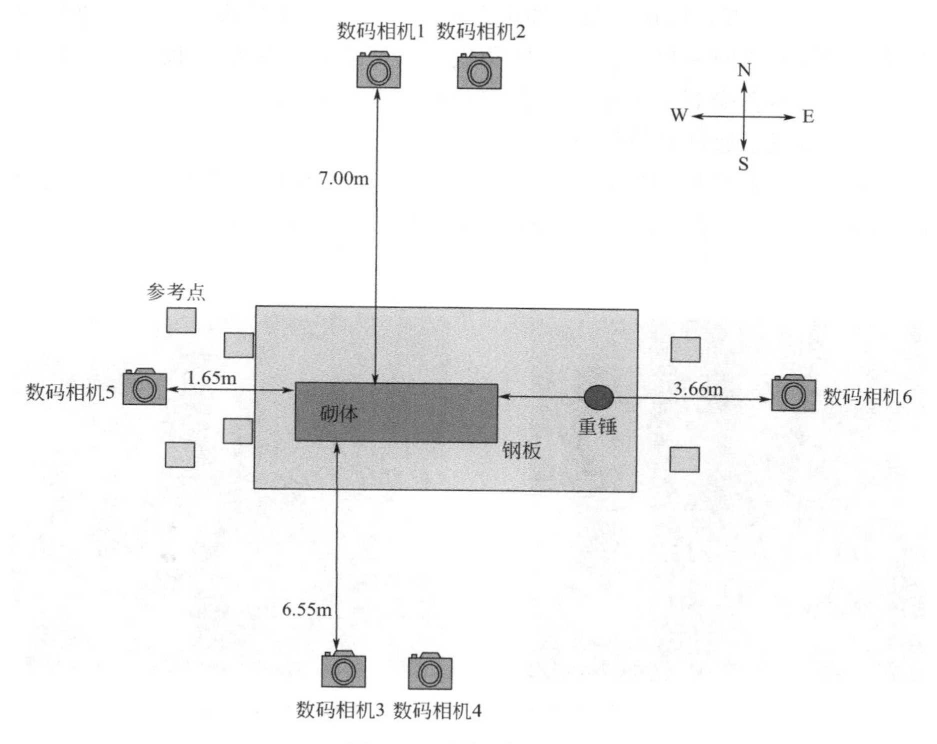

图 4-19　现场平面示意

图 4-20　冲击锤支架

至足够高度时仍有很高的稳定性。

支架上端放置横杆，用于悬起冲击重物。在横杆的适当位置，焊上间距 10cm 的定位杆，以保证吊起冲击重物时位置不发生偏离，使冲击重物能够冲击钢板上的同一位置。定位杆做成开放式的，以保证连接冲击重物的绳子滑过时不会受到太大阻力。在定位杆之间涂抹黄油，作为润滑剂，以进一步减少绳子通过时的阻力。

本次试验中采用的砌体如图 4-21 所示。冲击锤用一段长 50cm、直径 12cm 的圆铁，顶部焊上一段弧形钢筋作为挂钩，总重量 25kg，如图 4-22 所示。

图 4-21 试验采用“一顺一丁”式砌体

图 4-22 试验选用冲击锤

试验选取长 2.3m、宽 1.5m，厚 1.5cm 的锰钢钢板，把其用楔子固定在平地上一个长 2.1m、宽 1.4m、深 0.2m 的凹坑上。在钢板四周用长 40cm 的木楔砸入土中，以嵌制钢板，保证钢板不移动，如图 4-23 所示。

图 4-23 嵌制钢板

参考点及变形点的粘贴如图 4-24 和图 4-25 所示。

参考点、变形点标志粘贴完毕之后，用钢卷尺测量各点之间的距离。砌体北面变形点分布如图 4-26 所示，各点之间的距离见表 4-5 和表 4-6。

图 4-24　参考点粘贴

图 4-25　砌体变形点粘贴

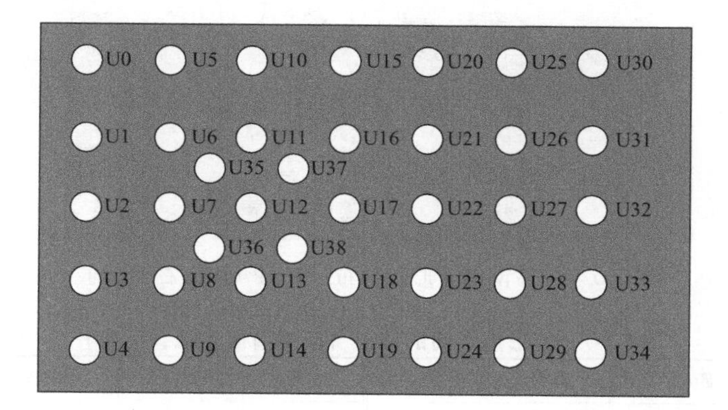

图 4-26　砌体北面变形点分布示意图（图的右侧为西）

表 4-5　变形点之间的距离（墙体北面正视、竖向）

点号	距离/cm	点号	距离/cm	点号	距离/cm	点号	距离/cm
U0-U1	13.2	U8-U9	17.1	U17-U18	20.2	U26-U27	19.3
U1-U2	17.9	U10-U11	12.2	U18-U19	17.2	U27-U28	18.6
U2-U3	19.7	U11-U12	19.4	U20-U21	12.4	U28-U29	18
U3-U4	17.4	U12-U13	20	U21-U22	19.4	U30-U31	11.5
U5-U6	12.7	U13-U14	19.8	U22-U23	19.6	U31-U32	19.8
U6-U7	18.6	U15-U16	12.2	U23-U24	16.7	U32-U33	19.6
U7-U8	19.2	U16-U17	19.2	U25-U26	12.7	U33-U34	18

表 4-6 变形点之间的距离（墙体北面正视、横向）

点号	距离/cm	点号	距离/cm	点号	距离/cm	点号	距离/cm
U0-U5	18.5	U25-U30	12	U3-U8	17.1	U19-U24	18.8
U5-U10	20.2	U1-U6	17.6	U8-U13	19.6	U24-U29	21.8
U10-U15	20.3	U6-U11	20	U4-U9	17.6	U29-U34	16.5
U15-U20	18.9	U2-U7	17.5	U9-U14	19.8		
U20-U25	23.7	U7-U12	19.8	U14-U19	19.3		

砌体南面变形点分布如图 4-27 所示，各点之间的距离见表 4-7、表 4-8。

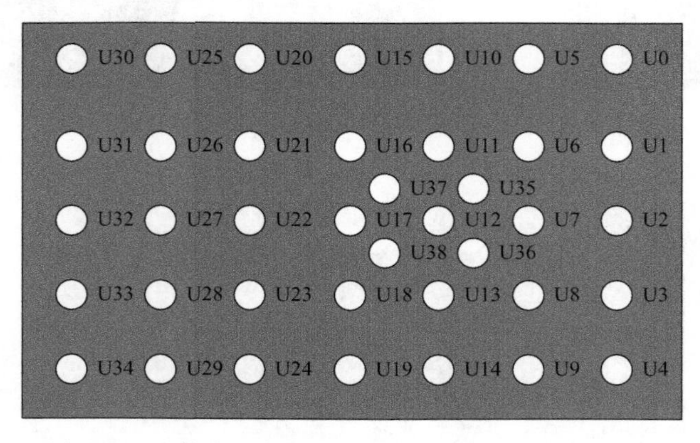

图 4-27 砌体南面变形点分布示意图（图的右侧为东）

表 4-7 变形点之间的距离（墙体南面正视、竖向）

点号	距离/cm	点号	距离/cm	点号	距离/cm	点号	距离/cm
U0-U1	12.5	U8-U9	18.2	U17-U18	18.5	U26-U27	18.4
U1-U2	18.2	U10-U11	12.4	U18-U19	18.8	U27-U28	20
U2-U3	19	U11-U12	18.8	U20-U21	11.9	U28-U29	16.8
U3-U4	18.2	U12-U13	18.9	U21-U22	18.5	U30-U31	12
U5-U6	11.8	U13-U14	18	U22-U23	18	U31-U32	18.9
U6-U7	19.2	U15-U16	11.9	U23-U24	19	U32-U33	19
U7-U8	18.3	U16-U17	18.5	U25-U26	11	U33-U34	18

表 4-8 变形点之间的距离（墙体南正视、横向）

点号	距离/cm	点号	距离/cm	点号	距离/cm
U25-U30	19.5	U15-U20	20	U5-U10	20
U20-U25	19.4	U10-U15	17.7	U0-U5	17.1

变形点和参考点分布示意图如图 4-28～图 4-33 所示。

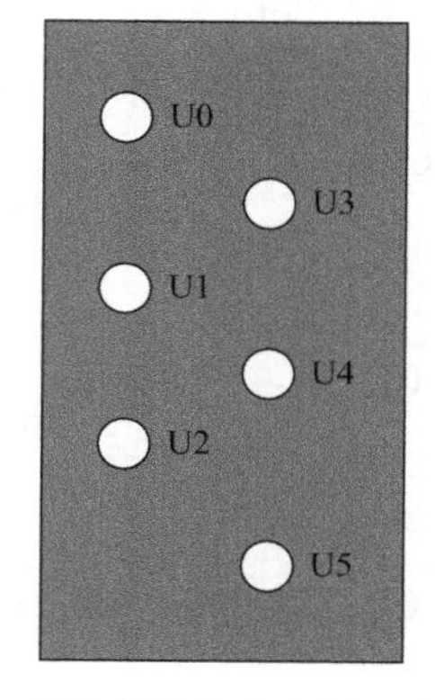

图 4-28　东视变形点分布图（右侧为北）

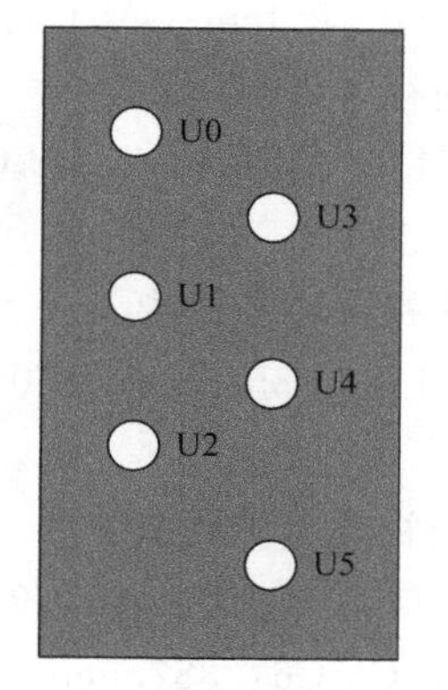

图 4-29　西视变形点分布图（右侧为南）

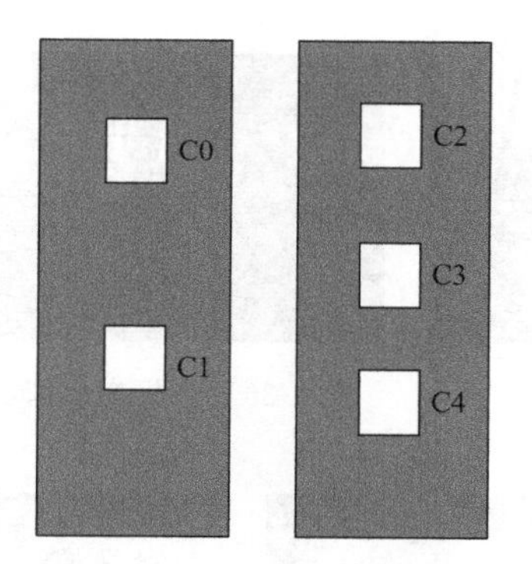

图 4-30　西视参考点示意图（右侧为南）

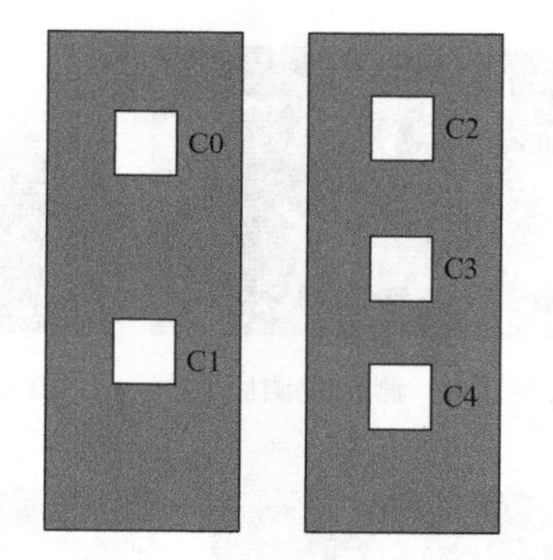

图 4-31　东视参考点示意图（右侧为北）

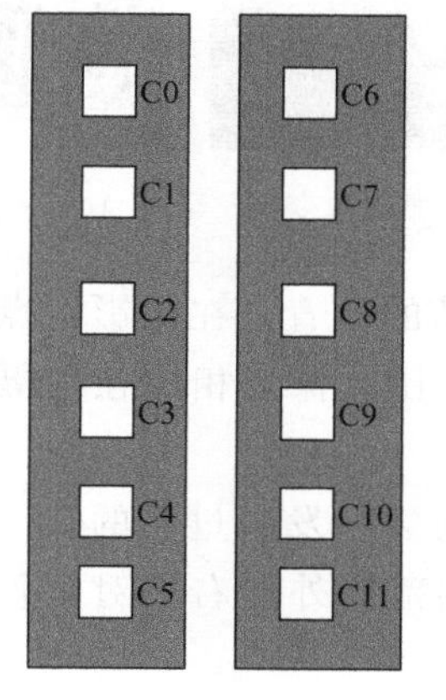

图 4-32　北视参考点示意图（右侧为西）

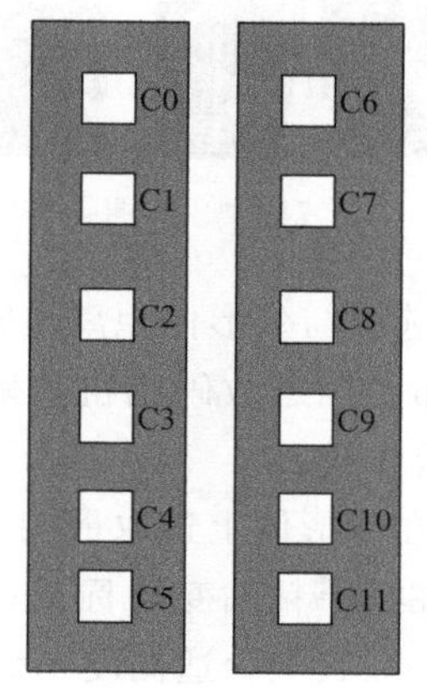

图 4-33　南视参考点示意图（右侧为东）

① 东视参考点距离：

C0-C3：37.4cm；C1-C4：39.2cm；C2-C3：67.3cm。

② 西视参考点距离：

C0-C1：31.8cm；C2-C3：23.7cm；C3-C4：18.7cm；C0-C4：47.2cm；C1-C2：44.5cm。

③ 北视参考点距离：

C0-C11：385.3cm；C0-C6：366.8cm；C5-C6：380.0cm；C3-C8：368.2cm。

④ 南视参考点距离：

C0-C11：387.6cm；C0-C6：372.7cm；C0-C7：373.6cm；C0-C8：374.7cm；C5-C6：387.6cm；C3-C9：373.2cm。

(2) 试验工作过程（图4-34～图4-40）

图4-34 测量观测距离

图4-35 设置参考点

图4-36 分析变形情况

图4-37 基线距离

图4-38 重锤高度

图4-39 砌体变形 图4-40 撞击瞬间

① 选取与变形体距离适宜的多个监测摄站的位置，在摄影站点上利用三脚架布置固定数码相机，确定好相机所摄范围，保证相机在拍摄变形过程中没有位移。

② 在变形体上选取最能反映其形变大小与裂缝发展过程的几个重要变形点，在其上粘贴变形标志；在变形区域控制范围外左右相对位置选取固定物体，在其上合适高度粘贴参考标志。

③ 利用钢尺精密测出每两个参考点之间的距离，作为基线距离以备数据处理时用；利用钢尺测出变形体与数码相机摄影站点之间的距离。

④ 拍摄人员到位，同时拍摄第一张未加任何荷载时的零相片作为基准参考相片。

⑤ 对变形体逐级施加荷载，在荷载施加过程中每变化一次荷载，所有相机同时拍摄一张相片并记录下相片拍摄时间。

⑥ 在荷载施加完毕时，拍摄一张结束相片。

试验过程中，重锤下落高度分别为 0.3m，0.6m，0.9m，1.2m，1.5m，1.8m，2.1m，2.4m，2.7m，3.0m，3.3m，3.6m，3.9m，4.2m，4.5m，4.8m，5.1m，5.4m，加上零相片与后续相片，每台相机应拍摄 20 张照片供数据处理。

另外需要注意的是，在砌体结构中，砌块之间是靠砂浆使块材与砂浆接触表面产生黏结力和摩擦力，从而把散放的块材凝结成为整体以承受荷载，并且砂浆可以抹平块材表面使其应力分布均匀。因此，砌体结构要比砌块本身承受荷载的能力差得多。多数砌体的抗拉、抗弯和抗剪强度较低，再加上砌体的自重大，地震力作用不能充分发挥，因此此次试验所用砌体结构为保证达到极限承载能力，采用抗拉强度较低的水泥砂浆抹平。

（3）砌体结构模型变形过程

该砌体结构在模拟地震动作用下产生变形，砌体结构从受到地震作用力开始到破坏，根据裂缝的出现和发展的特点，推算出在试验所模拟的最大地震震级下该结构的稳定性和承载能力。

第一阶段，从砌体砂浆受力到个别砖缝出现裂缝。在此阶段，随着剪力的逐渐增大，个别砖缝出现裂缝，如果不再增加应力，裂缝也不再发展。

第二阶段，随着砂浆受力的逐渐增大，个别出现裂缝的连通起来，从而形成轻微的墙体交叉斜裂缝、竖直裂缝或水平裂缝，或者几种裂缝同时出现。在此阶段，随着砂浆应力的逐渐增大，裂缝逐渐增大。

第三阶段，随着砂浆受力继续增大，达到其极限承载力时，连通起来的裂缝将急剧增大，直至整个砌体结构发生破坏。

从变形点变形图分析，随着撞击力的不断增大，各变形点的变形量也随之增大，符合砌体破坏的规律。

从试验过程中拍摄的照片上砌体的裂缝发展情况来分析，符合砌体结构受力后的裂缝形式为墙体交叉斜裂缝，如图 4-41 中所标注的。

图 4-41　南向砌体裂缝发展图示

从试验过程中拍摄的照片上砌体结构破坏过程来分析，砌体墙体的变形完全符合地震中砖砌体破坏的三个阶段，砖裂缝从无到有，随着力的增大逐渐明显逐渐增大，最后接近完全破坏，如图 4-42～图 4-45 所示。也就是说这次试验用下落的重锤对钢板撞击模拟地震波对砌体墙体造成破坏的试验是非常成功的，是具有科学依据的。

图 4-42　未受力时墙面没有裂缝

图 4-43　第一次撞击时墙面的不明显的裂缝

图 4-44　第九次撞击时零散裂缝增大

图 4-45　最后一次撞击时裂缝明显

在试验之前，我们根据模拟震源的远近程度推断在 4 个大标志变形点处的裂缝应最为明显，因为它们离震源位置较近，而且处于砌体交叉斜裂缝发生的关键位置。因此，为了更好地观察该位置的裂缝发展情况，我们特地采用 4 个大变形标志对其进行标识，以方便观察。但是实际情况是图 4-41 中显示的较大的裂缝出现的位置没有在 U35、U36、U37、U38 的大标志点附近。对此进行分析：地震波可视为简谐波，所以波体对竖直裂缝的砂浆的影响较大，试验中我们采用的是“一顺一丁”砌结方式，而黑线所在位置竖直裂缝连接较为规律，且竖直裂缝的水平间距较小，有利于裂缝的连通，所以图 4-41 标注的位置砖砌体破坏更为明显。

将图 4-42 与图 4-45 进行对比分析，可以明显看出北向墙体裂缝发展与南向墙体裂缝发展走向是基本一致的，均在墙体的西侧边缘位置出现两道交叉斜裂缝。墙体交叉斜裂缝主要是水平地震剪力在墙体中引起的上拉应力超过墙体的抗拉强度所致。当地震反复作用时，即形成交叉斜裂缝。通常在建筑物横墙、山墙及纵墙的窗间墙出现这种裂缝。底层地震剪力较上层大，所以底层的这种裂缝较上层严重。房屋的山墙由于刚度大，分配的地震剪力较大，且其所受的压应力较一般横墙小，所以山墙的交叉斜裂缝又较一般的横墙严重。

在墙体的中部沿右上角到左下角产生一条贯穿砌体的斜裂缝，在其上下两侧分别有一道斜裂缝，这 3 条裂缝将墙体分成了 4 个部分，如图 4-46 所示。再继续增加重锤冲击力，砌体将沿着裂缝方向产生相对位移，最后倒塌。

图 4-46　北向砌体裂缝发展图示

比较观察南北两侧裂缝发展情况可以看出，裂缝集中发展在砌体的西侧，也就是远离模拟地震源的一侧，与预期的离地震源越近，破坏程度越大，裂缝越多的假设不同。具体原因如下。

第一，与普通砖的砌筑方式有关。实验中采用的砌筑方式为“一顺一丁”式，但是由于砌筑的过程并不是特别严格，所以在砌筑过程中，墙体西侧的灰缝连成了一条斜线，本身即容易产生裂缝。而东部墙体砌筑较为严格，没有灰缝连接的情况产生。

第二，地震波的波长影响。地震波可视为简谐波，在波峰及波谷处振幅达到最大，对砌体墙的震动变形影响最大。因此，裂缝发展情况与地震波的波峰和波谷位置有关，而不仅仅与其到震源的距离有关。

（4）试验误差分析

利用软件对照片进行处理，处理结束后在数据保存的位置自动记录下每张相片的像素坐标 X、Y，利用参考点坐标没有实际变化的原理，将每张照片的两两参考点像素坐标换算成像素距离并与实际测量的距离进行比较，得出像素距离与实际距离之比的平均值，进而算出误差值，如表 4-9 所示。

表 4-9 1 号相机照片数据误差处理

零相片	X	Y	ΔY	ΔX	像素距离	实际距离	像素/实际距离	误差	误差绝对值
C_0	961	1376	149	5	149.084	20.8	7.17	−0.0039	0.0039
C_1	966	1525							
C_2	968	1685	146	1	146.003	20.4	7.16	−0.0024	0.0024
C_3	969	1831							
C_4	974	1982	203	3	203.022	28.4	7.15	−0.0012	0.0012
C_5	977	2185							
C_6	3556	1356	111	5	111.113	15.6	7.12	0.0024	0.0024
C_7	3561	1467							
C_8	3566	1576	146	8	146.219	20.5	7.13	0.0010	0.0010
C_9	3574	1722							
C_{10}	3578	1878	170	5	170.074	23.9	7.12	0.0034	0.0034
C_{11}	3583	2048							
U_0	2352	1661	89	2	89.022	12.5	7.12	0.0025	0.0025
U_1	2354	1750							
U_2	2357	1881	135	2	135.015	19	7.11	0.0048	0.0048
U_3	2359	2016							
U_6	2232	1752	137	−3	137.033	19.2	7.14	0.0004	0.0004
U_7	2229	1889							
U_8	2228	2021	130	−2	130.015	18.2	7.14	−0.0005	0.0005
U_9	2226	2151							

续表

零相片	X	Y	ΔY	ΔX	像素距离	实际距离	像素/实际距离	误差	误差绝对值
U_{10}	2090	1669	88	8	88.363	12.4	7.13	0.0020	0.0020
U_{11}	2098	1757							
U_{12}	2104	1891	135	−3	135.033	18.9	7.14	−0.0006	0.0006
U_{13}	2101	2026							
U_{16}	1959	1765	132	−1	132.004	18.5	7.14	0.0007	0.0007
U_{17}	1958	1897							
U_{20}	1822	1683	85	−5	85.147	11.9	7.16	−0.0021	0.0021
U_{21}	1817	1768							
U_{22}	1823	1902	129	−6	129.139	18	7.17	−0.0048	0.0048
U_{23}	1817	2031							
U_{26}	1677	1769	131	4	131.061	18.4	7.12	0.0024	0.0024
U_{27}	1681	1900							
U_{28}	1686	2047	120	−1	120.004	16.8	7.14	−0.0004	0.0004
U_{29}	1685	2167							
U_{30}	1536	1679	86	4	86.093	12	7.17	−0.0048	0.0048
U_{31}	1540	1765							
U_{32}	1539	1907	135	7	135.181	19	7.11	0.0035	0.0035
U_{33}	1546	2042							
平均值							7.14	平均误差	0.0023

(5) 地震加速度的运算及加速度与震级和烈度的对应关系

地震波是一种弹性波，地震时从震源处释放出来的部分能量以弹性波的形式向四周传播。所谓弹性波，是弹性介质中物质粒子间的弹性相互作用，当某处物质粒子离开平衡位置，即发生应变时，该粒子在弹性力的作用下发生振动，同时又引起周围粒子的应变和振动，这样形成的振动在弹性介质中的传播过程称为“弹性波”。

地震波可以在三维空间向任何方向传播，这种波称为体波；但地球是有边界的，在边界附近，体波衍生出另一种沿着地面传播的波，称为面波。体波又分为纵波和横波。

P 波：纵波传播时，介质质点的振动方向与波的传播方向一致，使介质质点之间发生张弛和压缩的更替，即质点发生疏密更替的变化，所以又叫压缩波或疏密波，通常记作 P 波。

S 波：横波传播时，介质质点的振动方向与波的传播方向互相垂直，介质体积不变，但形状发生切变，所以又叫切变波或剪切波，通常记作 S 波。

纵波一般表现出周期短、振幅小的特点，传播速度较快；横波一般表现出周期较长、振幅较大的特点，传播速度慢。在大多数岩石中，纵波的传播速度为横波的$\sqrt{3}$倍。

由于地球是圈层状构造，各层物质成分和物理性质不同，地震波在地球内部传播时，遇到不均匀介质的界面便发生折射（所以震波传播路径为弧形）和反射。

L 波：由于震波受地核折射，在地表形成一条收不到任何体波的带，称黑影带。面波通常记作 L 波，其能量集中在地面附近，就像投石于水所产生的水波一样，其振幅随深度增加而衰减，传播速度比体波慢。

本次试验中把冲击锤对砌体所产生的作用视为简谐振动。

简谐振动在空间传递时形成的波动称为简谐波，其波函数为正弦或余弦函数形式。各点的振动具有相同的频率 f，称为波的频率，频率的倒数为周期，即：

$$T=\frac{1}{f} \tag{4-8}$$

在波的传播方向上，振动状态完全相同的相邻两个点间的距离称为波长，用 λ 表示，波长的倒数称波数。单位时间内扰动所传播的距离 v 称为波速。波速、频率和波长三者间的关系为：

$$v=\lambda f \tag{4-9}$$

这里，按照简谐振动理论计算冲击力所产生的速度及加速度。

首先，由角速度与周期的关系得到：

$$\omega=\frac{2\pi}{T}=2\pi f \tag{4-10}$$

砌体做简谐振动的运动方程为：

$$x=A\cos\left(\frac{2\pi}{T}t+\varphi\right) \tag{4-11}$$

式中，φ 为初相位。

砌体做简谐振动的速度为：

$$v=\frac{\mathrm{d}x}{\mathrm{d}t}=-A\ \frac{2\pi}{T}\sin\left(\frac{2\pi}{T}t+\varphi\right) \tag{4-12}$$

砌体做简谐振动的纵向加速度为：

$$a=\frac{\mathrm{d}^2x}{\mathrm{d}t^2}=-A\left(\frac{2\pi}{T}\right)^2\cos\left(\frac{2\pi}{T}t+\varphi\right)=-\frac{4\pi^2}{T^2}x \tag{4-13}$$

因为 $|x|=\left|A\cos\left(\frac{2\pi}{T}t+\varphi\right)\right|\leqslant|A|$，$A$ 为最大振幅，所以有：

$$|a|=\left|-\frac{4\pi^2}{T^2}x\right|\leqslant\frac{4\pi^2}{T^2}|A| \tag{4-14}$$

据此，我们可根据试验的沉降数据（沉降计算过程见表 4-10），计算每次冲击砌体运动的加速度。

表 4-10　根据沉降数据计算加速度表格

试验次数	高度 h/m	速度 v /(m/s)	实际沉降 x /cm	加速度 a/g (t=0.1)	加速度 a/g (t=0.2)
1	0.3	2.4249	0.099	0.39044016	0.09761004
2	0.6	3.4293	0.014	0.05521376	0.01380344
3	0.9	4.2	0.028	0.11042752	0.02760688
4	1.2	4.8497	0.127	0.50086768	0.12521692
6	1.8	5.9397	0.07	0.2760688	0.0690172
7	2.1	6.4156	0.014	0.05521376	0.01380344
9	2.7	7.2746	0.042	0.16564128	0.04141032
10	3	7.6681	0.013	0.05126992	0.01281748
11	3.3	8.0424	0.042	0.16564128	0.04141032
12	3.6	8.4	0.085	0.3352264	0.0838066
13	3.9	8.743	0.042	0.16564128	0.04141032
15	4.5	9.3915	0.028	0.11042752	0.02760688

续表

试验次数	高度 h/m	速度 v /(m/s)	实际沉降 x /cm	加速度 a/g (t=0.1)	加速度 a/g (t=0.2)
16	4.8	9.6995	0.127	0.50086768	0.12521692
17	5.1	9.998	0.056	0.22085504	0.05521376
18	5.4	10.2879	0.099	0.39044016	0.09761004
19	5.4	10.2879	0.028	0.11042752	0.02760688
平均加速度 a/g					0.058462146

聊城市抗震设防烈度为7度，设计基本地震加速度值为0.15g，由表4-11可知该砌体结构能够承受足够大的地震动作用。由照片可以看出，在模拟地震作用下，该砌体墙体结构逐步产生了裂缝，由轻微的裂缝一步步发展到贯穿整个墙体的裂缝，最后导致整个结构破坏。试验中所做的砌体模型是未加任何加固和抗震措施的，用最简单的方法砌筑而成。因此，如果加构造柱等抗震措施，结构的稳定性和抗震性能会更加良好，人民的生命财产安全就有了更大的保障性。

表4-11 加速度 a 与烈度 I 和震级 M 的关系

M \ a/g \ I	Ⅵ	Ⅶ	Ⅷ	Ⅸ	Ⅹ
5.5	0.135	—	—	—	—
6.0	0.082	0.284	—	—	—
6.5	0.048	0.179	0.583	—	—
7.0	0.030	0.104	0.389	1.154	—
7.5	0.022	0.064	0.228	0.833	—
8.0	0.018	0.044	0.136	0.502	1.747
8.5	0.017	0.034	0.091	0.292	1.100

（6）数据处理及结果分析

通过变形监测信息系统严格处理采集的图像后，得出变形曲线图。在本次试验中，由于采用了对称贴观测标志的方法，东西两面变形不是很明显，南北两面砌体变形明显且几乎完全相同，而且南北两面各自设置的两台数码相机照片处理后所得到的图表形式完全相似。因此，只以南面一台数码相机得到的照片处理后得到的变形图为例，展示变形点的位置变动情况，如图4-47～图4-50所示。

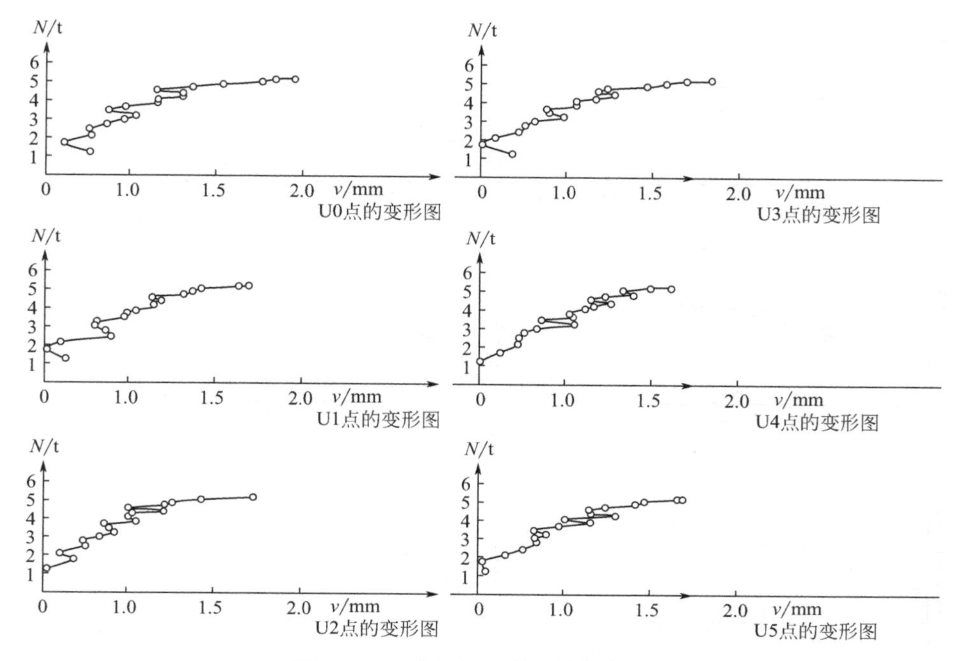

图 4-47　1 号相机 0 到 5 号点变形图

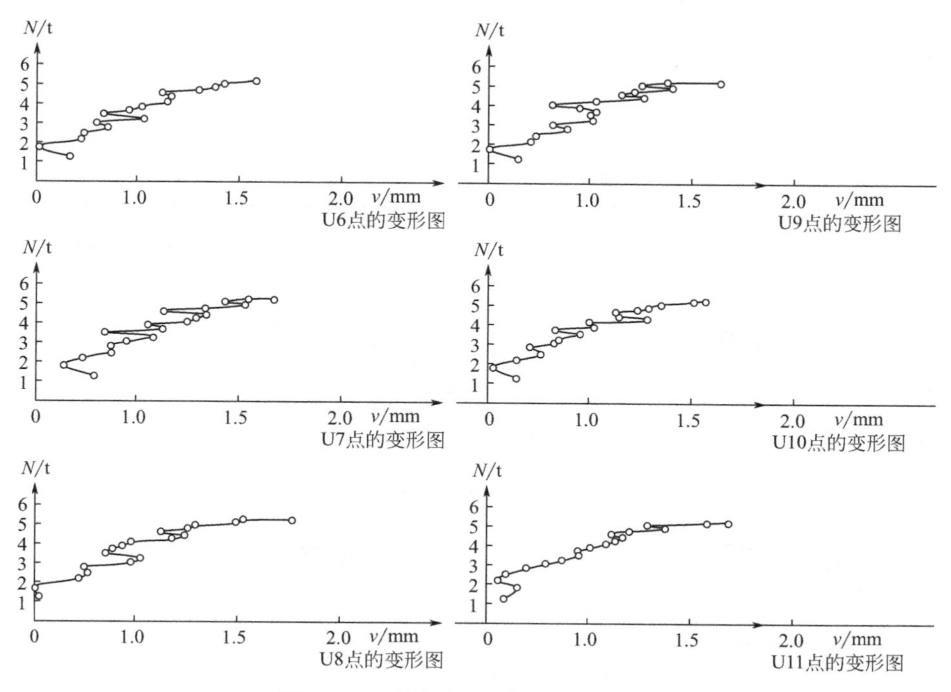

图 4-48　1 号相机 6 到 11 号点变形图

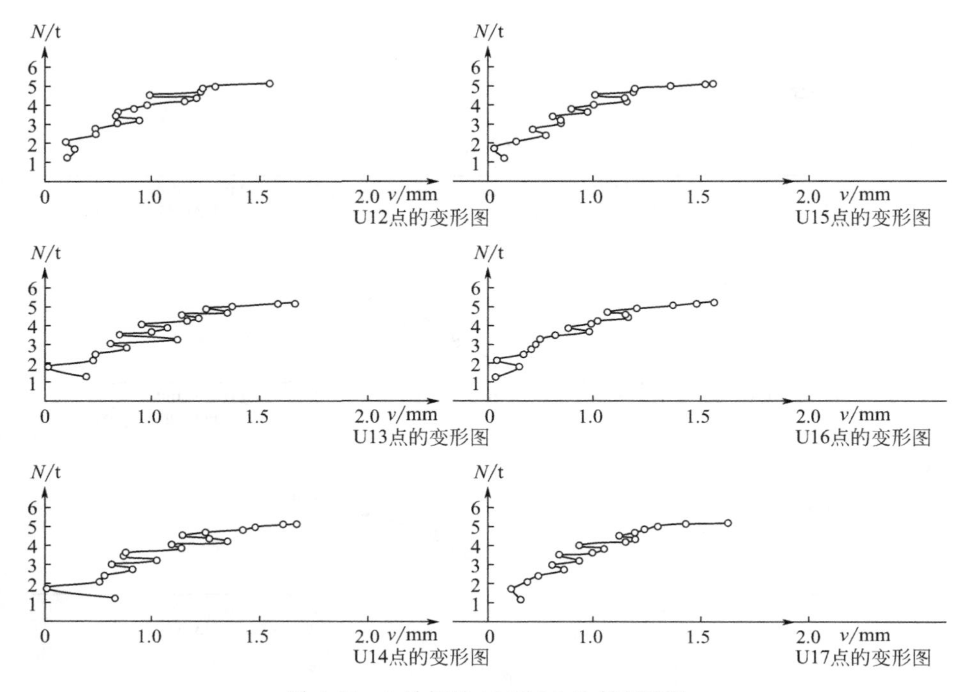

图 4-49　1 号相机 12 到 17 号点变形图

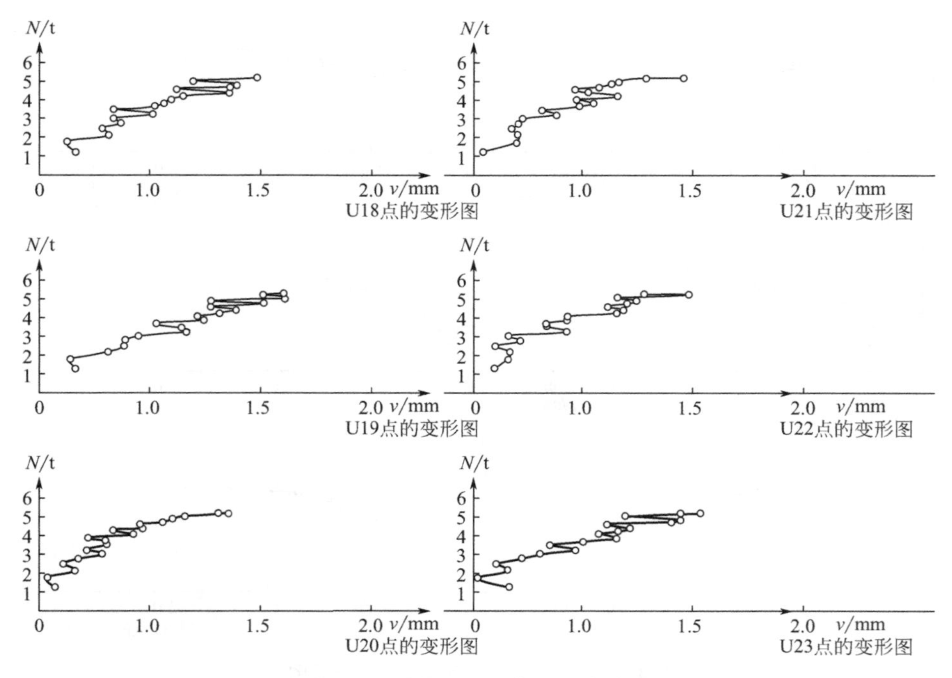

图 4-50　1 号相机 18 到 23 号点变形图

该变形图的纵坐标为砌体结构所受冲击力（前面已经计算出），横坐标即为该变形点在受不同冲击荷载时的位移变化量，单位已经换算为毫米。

由变形结果图（图 4-51、图 4-52）可以看出，U26、U30、U31 三点变形量最小。在 1.5mm 以内，这三点在砌体的左上角，在两条较大的斜裂缝中间的位置，裂缝下的砌块向左有明显位移，可以通过 U32、U33、U34 三点的变形量看出。

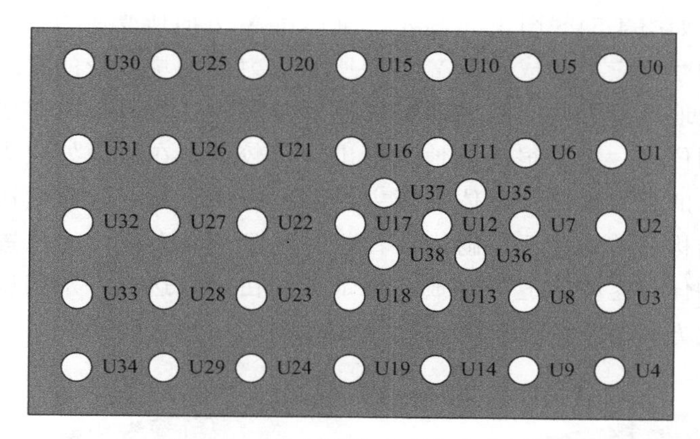

图 4-51　南侧墙体变形点分布图

按照上述原则，将每个点的变形量与实际照片进行对比发现其基本符合。因此，可以通过软件最后生成的变形结果图来推算砌体的裂缝发展模式和破坏程度，并进一步指导和加固砌体。

图 4-52　南侧墙体最终裂缝发展图

4.3.2.5　有限单元法对比分析

使用软件模拟 X 向传播的地震波作用下砌体墙体的破坏过程。随着撞击力的不断增大，各变形点的变形量也随之增大，符合砌体破坏的规律，砌体结构受力后的裂缝形式为墙体交叉斜裂缝。裂缝从无到有，随着力的增大裂缝逐渐明显逐渐增大，最后接近完全破坏。地震刚发生时，结构整体上下晃动，随着损伤的累积，砌体结构的破坏从四角产生裂缝开始；然后裂缝往外扩展，墙体的有效截面不断减小，承载能力不断下降；与此同时，贯通的裂缝将墙体分割成几个不同的块体，相互碰撞摩擦，最终全部破坏。一般情况下，结构边缘墙体破坏比中间墙体严重，底层墙体比上层严重，这与实际震害调查结果一致。

地震作用下，砌体墙体在破坏前产生大量斜向或交叉裂缝、水平裂缝或竖向裂缝，并且产生晃动，导致结构向各个方向扩张变形，如图 4-53 所示。在所受的模拟地震动的作用下，砌体结构在 X 方向、Y 方向以及整体所受剪应力如图 4-54～图 4-56 所示。砌体在 X 方向所受应力主要由砌块与砌块之间的摩擦应力构成；在 Y 方向所受应力由砌块本身的重力应力、摩擦力与所受地震应力共同组成，呈现竖直方向的应力分布；在地震波一个波长的作用位置，可以很明显地观察出应力较大，在边缘处应力较小，符合砌体实际的受力情况。砌体破坏主要由剪应力引起，剪应力达到一定程度会引起结构的剪切变形，砌体沿着薄弱位置及受力较大的位置产生交叉斜裂缝，砌体被这些裂缝分割成几个部分，在应力达到一定程度时，砌体会沿着裂缝方向发生剪切破坏。

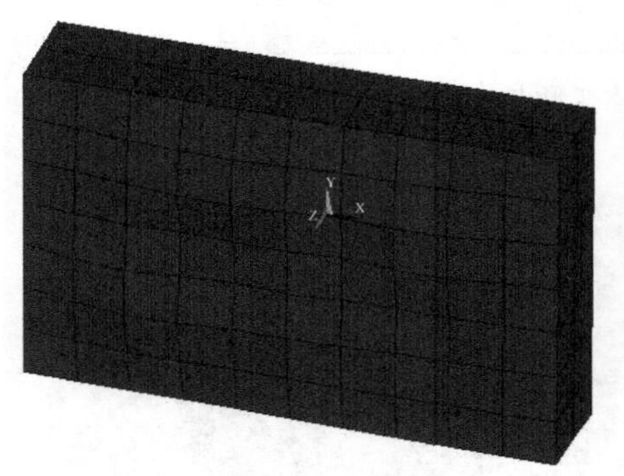

图 4-53 砌体墙体变形图

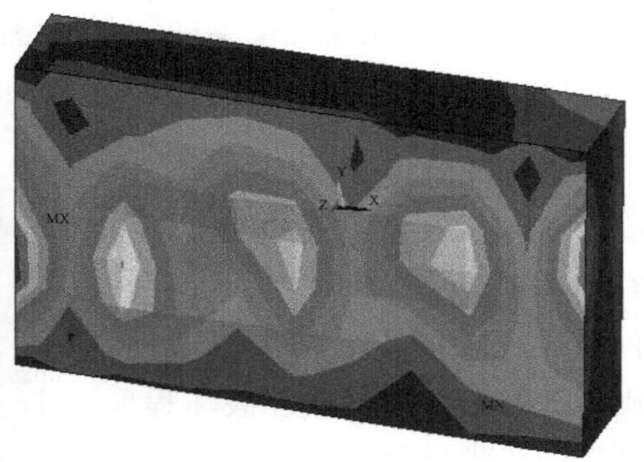

图 4-54 X 方向应力图

本节将砌体墙南侧左上角变形点，即 U30 点，和特殊变形点 U37 点取出，利用有限单元法做出其随时间变化的位移图像，结果如图 4-57～图 4-60 所示。我们将其与图 4-55、图 4-56 进行对比分析可以看出，软件处理结果图是所取点位在 XY 平面内的综合变形图，反映了从第 1 次到第 20 次拍照过程中，每一张照片拍摄的瞬间该点的位移曲线。将每一个变形点在 X、Y 方向位移-时间图综合后与变形结果图进行对比，可以得到，U30 点和 U37 点都是随着时间的延长（或照片的先后顺序）变形逐渐增大，说明砌体结构是脆性结构，最终的破坏属于脆性破坏。

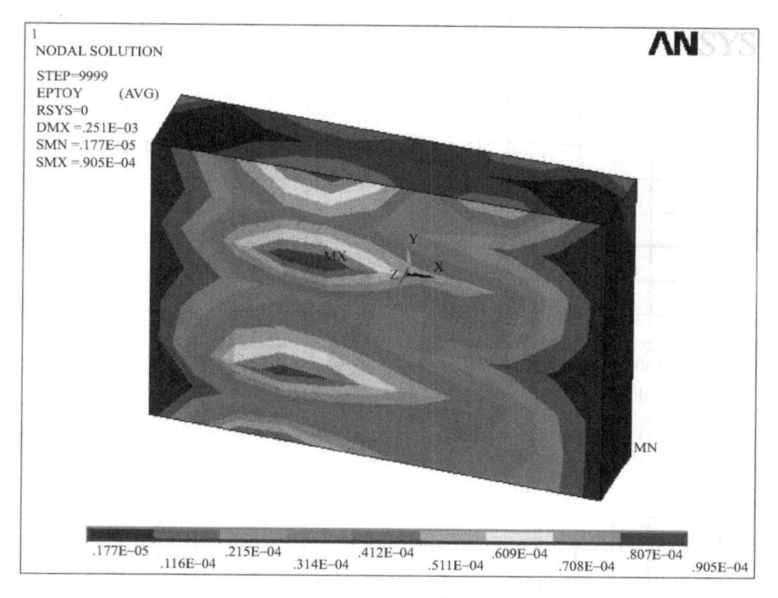

图 4-55　Y 方向应力图

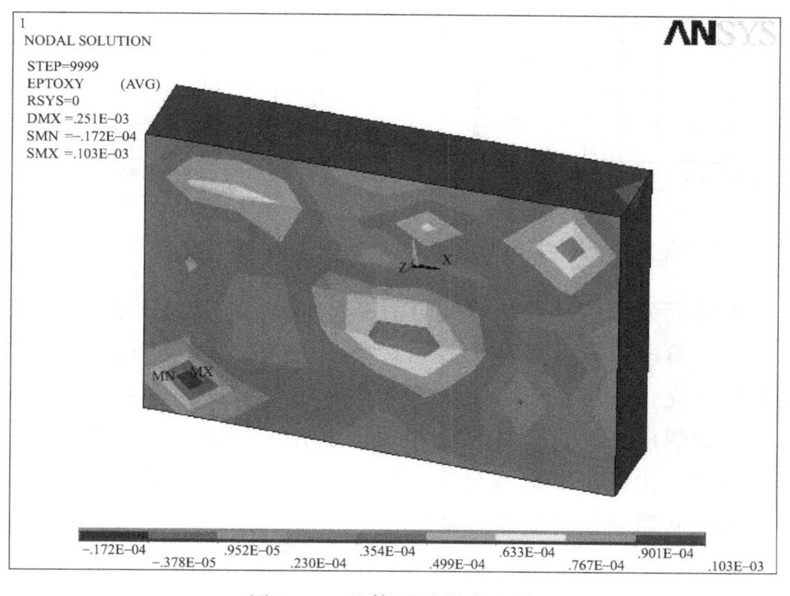

图 4-56　整体所受剪应力图

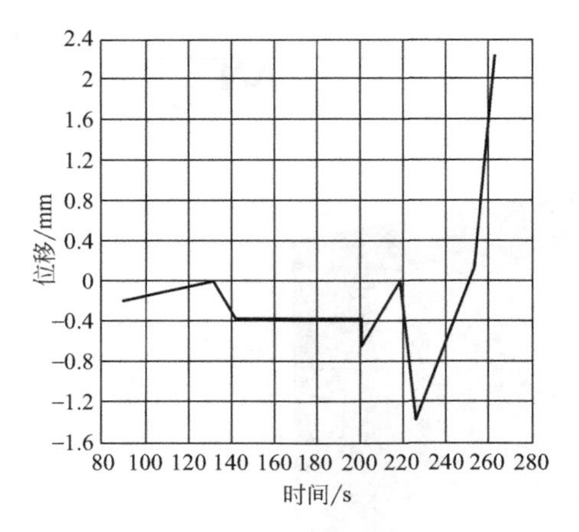

图 4-57 U30 点 X 方向位移-时间图

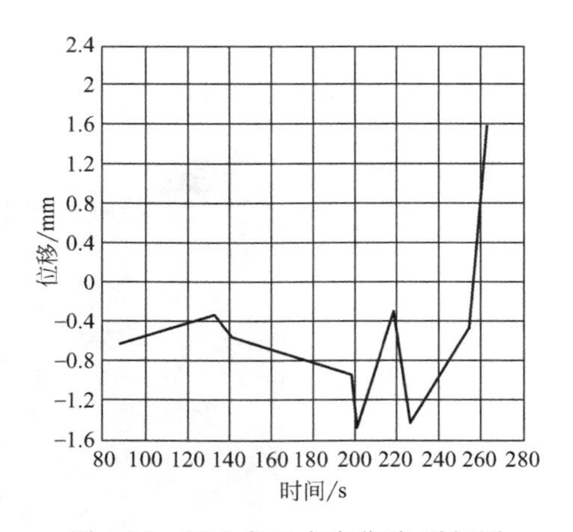

图 4-58 U30 点 Y 方向位移-时间图

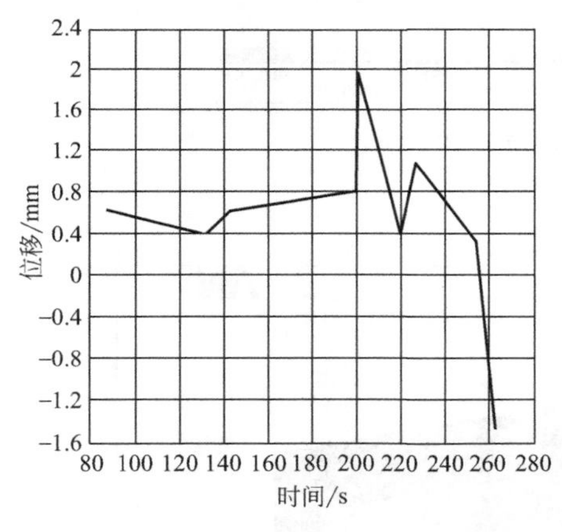

图 4-59 U37 点 X 方向位移-时间图

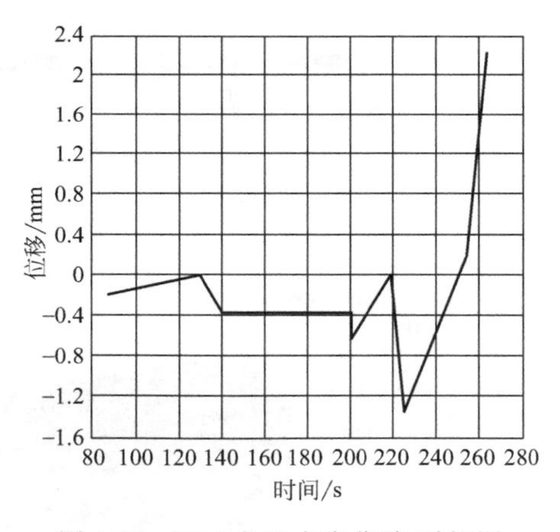

图 4-60 U37 点 Y 方向位移-时间图

通过有限元分析结果可以看出，砌体墙体的变形完全符合地震中砖砌体破坏的三个阶段：砖裂缝从无到有，随着力的增大裂缝逐渐明显逐渐增大，最后接近完全破坏。而有限元分析图与变形监测信息系统分析曲线图基本吻合，说明该系统在砌体结构中完全适用。同时，对砌体结构在外力作用下的结构变化进行了细致分析，这也为后续该套系统应用于实际工程中、分析实际问题提供了很好的参考。

案例篇

第五章

桥梁变形监测应用

5.1 桥梁概述

桥梁指的是为道路跨越天然或人工障碍物而修建的建筑物。桥梁一般由五大部件和五小部件组成。五大部件是指桥梁承受汽车或其他车辆运输荷载的桥跨上部结构与下部结构，是桥梁结构安全的保证，包括：桥跨结构（或称桥孔结构、上部结构）、支座系统、桥墩、桥台、墩台基础。五小部件是指直接与桥梁服务功能有关的部件，过去称为桥面构造，包括：桥面铺装、防排水系统、栏杆、伸缩缝、灯光照明。

5.1.1 桥梁分类

按用途分为：公路桥、公铁两用桥、人行桥、机耕桥、过水桥。

按跨径大小和多跨总长分为：涵洞、小桥、中桥、大桥、特大桥，见表 5-1。

表 5-1 按照桥梁的跨度及规模分类

分类	多孔跨径总长 L/m	单孔跨径 L_0/m
特大桥	$L>500$	$L_0>100$
大桥	$100\leqslant L\leqslant 500$	$40\leqslant L_0\leqslant 100$
中桥	$30<L<100$	$20\leqslant L_0<40$
小桥	$8\leqslant L\leqslant 30$	$5<L_0<20$
涵洞	$L<8$	$L_0<5$

按结构分为：梁式桥、拱桥、钢架桥、缆索承重桥（斜拉桥和悬索桥）四种基本体系，此外还有组合体系桥。

按行车道位置分为：上承式桥、中承式桥、下承式桥。

按使用年限可分为：永久性桥、半永久性桥、临时桥。

按材料类型分为：木桥、圬工桥、钢筋砼桥、预应力桥、钢桥。

5.1.2　风格各异的桥梁

常见的桥梁如图 5-1～图 5-11 所示。

图 5-1　南京长江大桥——双层双孔双曲拱公铁两用桥

图 5-2　济南黄河大桥——亚洲跨径最大、世界十大预应力混凝土斜拉桥

图 5-3　上承式拱桥

图 5-4　上海南浦大桥——斜拉结构

图 5-5　悉尼桥——钢桁架拱桥

图 5-6　大峡谷拱桥——钢桁架拱桥

图 5-7　伦敦塔桥——悬索结构

图 5-8　布鲁克林大桥——悬索桥

图 5-9　诺曼底桥——混合式斜拉桥

图 5-10　南京长江二桥——斜拉桥

图 5-11　南京长江三桥——钢塔斜拉桥

斜拉桥承受的主要荷载并非它上面的汽车或者火车，而是其自重，主要是主梁。

以一个索塔为例，索塔的两侧是对称的斜拉索，通过斜拉索将索塔、主梁连接在一起。现在假设索塔两侧只有两根斜拉索，左右对称各一条，这两根斜拉索受到主梁的重力作用。对索塔产生两个对称的沿着斜拉索方向的拉力，根据受力分析，左边的力可以分解为水平向向左的一个力和竖直向下的一个力；同样右边的力可以分解为水平向右的一个力和竖直向下的一个力。由于这两个力是对称的，所以水平向左和水平向右的两个力互相抵消了，最终主梁的重力成为对索塔的竖直向下的两个力，这样，力又传给索塔下面的桥墩了。

5.1.3 桥梁结构及特点

桥梁的三个主要组成部分是：上部结构、下部结构和附属结构。

（1）上部结构，由桥跨结构、支座系统组成。

① 桥跨结构，或称桥孔结构，是桥梁中跨越桥孔的、支座以上的承重结构部分。按受力不同，分为梁式、拱式、刚架和悬索等基本体系，并由这些基本体系构成各种组合体系。它包含主要承重结构、纵横向联结系统、拱上建筑、桥面构造和桥面铺装、排水防水系统、变形缝以及安全防护设施等部分。

② 支座系统，设置在桥梁上、下结构之间的传力和连接装置。其作用是把上部结构的各种荷载传递到墩台上，并适应活载、温度变化、混凝土收缩和徐变等因素所产生的位移，使桥梁的实际受力情况符合结构计算。一般分为固定支座和活动支座。

（2）下部结构，由锥形护坡、桥墩、桥台、墩台基础组成。

① 锥形护坡，在路堤与桥台衔接处，在桥台两侧设置石砌的锥形护坡，以保证迎水部分路堤边坡的稳定。在桥梁建筑工程中，除了上述基本结构外，根据需要还常常修筑护岸、导流结构物等。

② 桥墩、桥台，是在河中或岸上支承两侧桥跨上部结构的建筑物。桥台设在两端，桥墩则在两桥台之间。而桥台除此之外，还要与路堤衔接，并防止其滑塌。为保护桥台和路堤填土，桥台两侧常做一些防护和导流工程。

③ 墩台基础，桥墩和桥台中使全部荷载传至地基的底部奠基部分，通常称为基础。它是确保桥梁能安全使用的关键。由于基础往往深埋于土层之中，并且需在水下施工，故也是桥梁建筑中比较困难的一个部分。

5.1.4 斜拉桥结构分析及计算

斜拉桥又称斜张桥，是将主梁用许多拉索直接拉在桥塔上的一种桥梁，是由承压的塔、受拉的索和承弯的梁体组合起来的一种结构体系。其可看作是拉索代替支墩的多跨弹性支承连续梁，可使梁体内弯矩减小，降低建筑高度，减轻结构重量，节省材料。斜拉桥作为一种拉索体系，比梁式桥的跨越能力更大，是大跨度桥梁的最主要桥型。斜拉桥是由许多直接连接到塔上的钢缆吊起桥面。索塔型式有 A 型、倒 Y 型、H 型、独柱，材料有钢和混凝土。斜拉索布置有单索面、平行双索面、斜索面等。同时，斜拉桥是一种自锚式体系，斜拉索的水平力由梁承受，梁除支承在墩台上外，还支承在由塔柱引出的斜拉索上。按梁所用的材料不同可分为钢斜拉桥、结合梁斜拉桥和混凝土梁斜拉桥。斜拉桥的结构体系，按梁体与塔墩的连接分为漂浮体系、半漂浮体系、塔梁固结体系与刚构体系；按拉索的锚拉体系分为自锚式斜拉桥、地锚式斜拉桥与部分地锚式斜拉桥。

5.1.4.1 斜拉桥结构分析

斜拉桥是高次超静定结构，常规分析可采用平面杆系有限元法，即基于小位移的直接刚度矩阵法。有限元分析首先是建立计算模型，对整体结构划分单元和结点，形成结构离散图，研究各单元的性质，并用合适的单元模型进行模拟。对于柔性拉索，可用拉压杆单元进行模拟，同时按后面介绍的等效弹性模量方法考虑斜索的垂度影响；对于梁和塔单元，则用梁单元进行模拟。斜拉桥与其他超静定桥梁一样，它的最终恒载受力状态与施工过程密切相关，因此结构分析必须准确模拟和修正施工过程。

斜拉桥的结构分析离散图如图 5-12 所示。

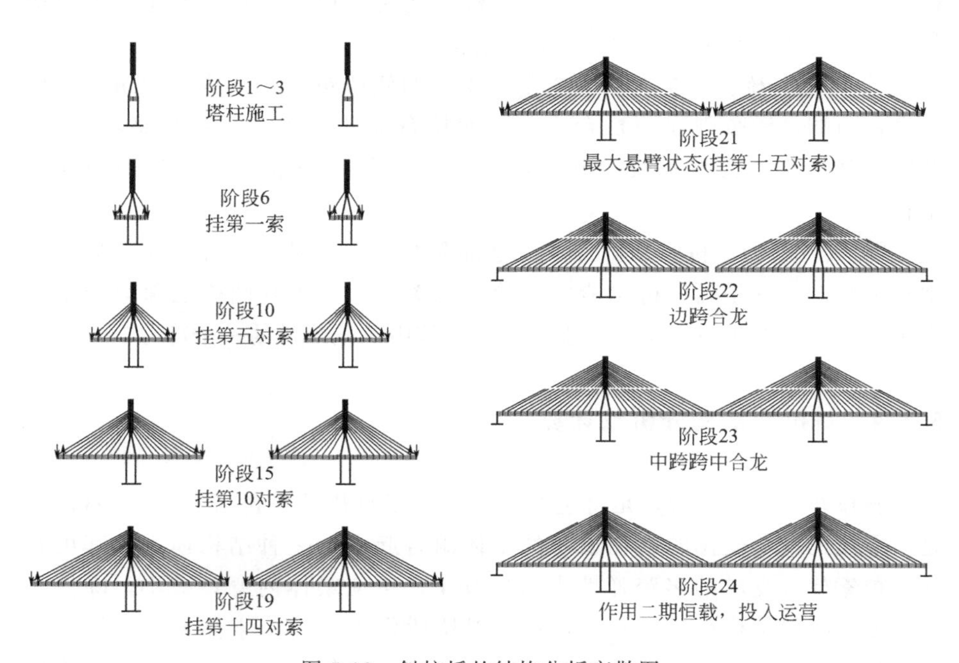

图 5-12　斜拉桥的结构分析离散图

5.1.4.2　斜拉索的垂度效应计算

斜拉桥的拉索一般采用柔性索，斜索在自重的作用下会产生一定的垂度，这一垂度的大小与索力有关，垂度与索力呈非线性关系。斜索张拉时，索的伸长量包括弹性伸长以及克服垂度所带来的伸长。为方便计算，可以用等效弹性模量的方法，在弹性伸长公式中计入垂度的影响。计算等效弹性模量常用 Ernst 公式：

$$E_{eq}=\frac{E_e}{1+\frac{(\gamma L)^2}{12\sigma^3}E_e}=\mu E_e,\quad \mu<1 \tag{5-1}$$

斜拉索等效弹模 E_{eq} 与斜索水平投影长 L 的关系如图 5-13 所示。

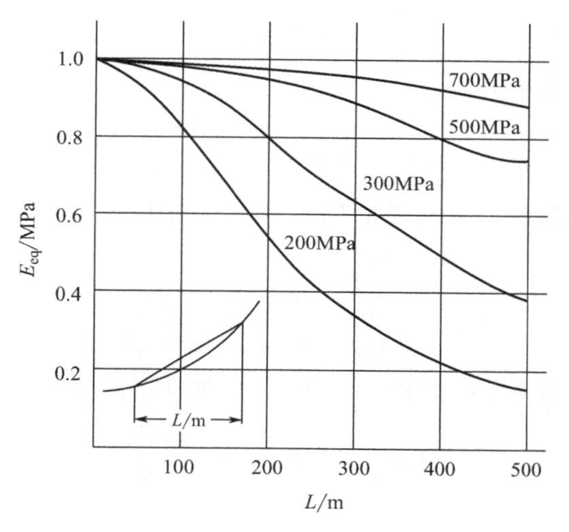

图 5-13　E_{eq} 与 L 的关系（$E_e=205000$MPa，$\gamma=98$kN/m^3）

斜拉索两端倾角修正公式为：

$$\tan\beta=\frac{4f}{l}=\frac{4fql^2\cos\alpha}{8Tl}=\frac{\gamma L}{2\sigma} \tag{5-2}$$

$$\beta=\arctan\frac{\gamma L}{2\sigma} \tag{5-3}$$

式中，β 为垂度引起的索两端倾角的变化量。

5.1.4.3　恒载平衡法索力计算

如图 5-14 所示，对于主跨，忽略主梁抗弯刚度的影响，则 W_m 为第 m

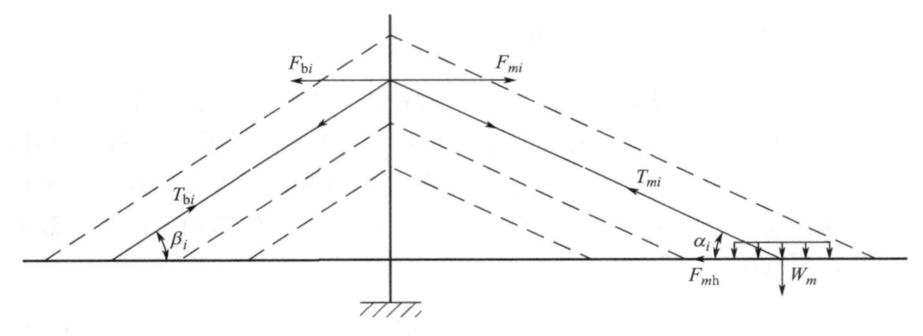

图 5-14 索力计算图式

号索所支承的恒载重量，根据竖向力的平衡，得到：

$$T_{mi}=\frac{W_m}{\sin\alpha_i} \tag{5-4}$$

拉索引起的水平力为：

$$F_{mi}=T_{mi}\cos\alpha_i=\frac{W_m}{\tan\alpha_i} \tag{5-5}$$

进一步考察边跨，忽略塔的抗弯刚度，则主、边跨拉索的水平分力应相等，得到：

$$T_{bi}=\frac{F_{bi}}{\cos\beta_i}=\frac{F_{mi}}{\cos\beta_i}=\frac{W_m}{\tan\alpha_i\cos\beta_i} \tag{5-6}$$

边跨第 i 号索支承的恒载重量 W_b 可依据 T_{bi} 做相应的调整：

$$W_b=T_{bi}\sin\beta_i=W_m\frac{\tan\beta_i}{\tan\alpha_i} \tag{5-7}$$

5.1.4.4 斜拉桥非线性问题的计算

建立以杆系结构有限元有限位移理论为基础的大跨度桥梁结构几何非线性分析总体方程时，应考虑以下三方面因素的几何非线性效应。

(1) 单元初始内力对单元刚度矩阵的影响

包括单元轴力对弯曲刚度的影响以及弯矩对轴向刚度的影响，通过引入单元初应力刚度矩阵的方法来考虑。

斜拉桥的主梁与索塔一般都是以受压为主的构件。前者以承受斜索的水平分力为主，后者以承受斜索的垂直分力为主。在考虑非线性影响后，主梁的挠度和索塔的位移将使弯矩有增大趋势。从图 5-15 的简单图式可以理解，直杆 AB 中的 m 点产生挠曲位移 δ 后，在轴力 P 和弯矩 M 的作用下，m 点的弯矩变为 $M+\delta P$。对通常跨度的斜拉桥来说，非线性影响并不太大，一般只有百分之几的增幅，可以不予考虑。但是对于跨度较大或刚度较小的斜拉桥来说，就有必要考虑其影响了。例如，德国的 Speyer 桥（跨度 181m＋275m 钢斜拉桥），在考虑非线性影响后弯矩增大达 18％，这是必注意的。

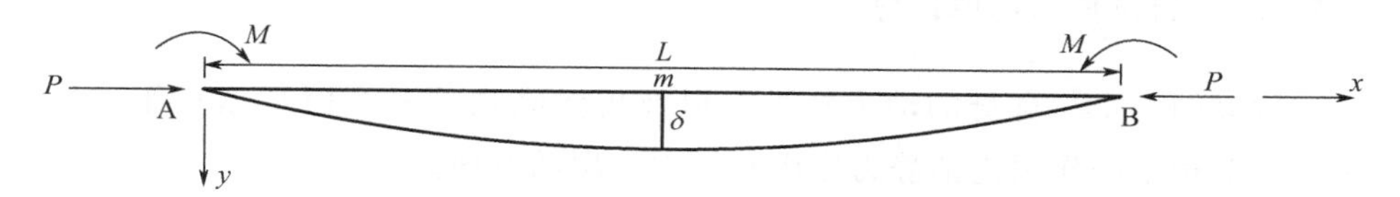

图 5-15　轴向受力杆件图式

（2）大位移对结构平衡方程的影响

对于这个问题，有 T. L 列式法和 U. L 列式法等各种不同的处理方法。前者将参考坐标选在未变形的结构上，通过引入大位移刚度矩阵来考虑大位移问题；后者将参考坐标选在变形后的位置上，让节点坐标跟结构一起变化，从而使平衡方程直接建立在变形后的位置上。

（3）拉索垂度的影响

在斜拉索刚度中计入垂度的影响，按前述方法引入 Ernst 公式［式(5-1)］，通过等效模量法来考虑垂度效应。

有限元方法都是首先做单元分析，建立单元刚度方程和单元刚度矩阵，然后根据平衡、物理和协调三个条件，将单元刚度矩阵汇总为总体刚度矩阵，并引入边界条件，可以得到描述柔性结构受力变形特征的总体刚度方程：

$$[\boldsymbol{K}_{\mathrm{T}}+\boldsymbol{K}_{\mathrm{G}}+\boldsymbol{K}_{\mathrm{L}}]\{\boldsymbol{\delta}\}=\{\boldsymbol{P}\} \tag{5-8}$$

或：

$$[\boldsymbol{K}(\boldsymbol{\delta})]\{\boldsymbol{\delta}\}=\{\boldsymbol{P}\} \tag{5-9}$$

式中，$\boldsymbol{K}_{\mathrm{T}}$ 为结构弹性刚度矩阵；$\boldsymbol{K}_{\mathrm{G}}$ 为结构初应力刚度矩阵；$\boldsymbol{K}_{\mathrm{L}}$ 为结构大位移矩阵（对于 U. L 列式法，省略此项）；$\{\boldsymbol{\delta}\}$ 为结构位移列阵；$\{\boldsymbol{P}\}$ 为结构荷载列阵。

从式中可以看出，这是一个非线性方程组，结构的总体刚度矩阵［$\boldsymbol{K}$］由三个分矩阵组成，其中 $\boldsymbol{K}_{\mathrm{G}}$ 和 $\boldsymbol{K}_{\mathrm{L}}$ 与待求的结构位移和内力有关，因此需采用迭代的方法进行求解。对此非线性问题，常用的求解方法是 Newton-Raphson 法（牛顿-拉夫逊迭代法，即 N-R 法），其迭代公式为：

$$[\boldsymbol{K}(\boldsymbol{\delta}_n)]\{\Delta\boldsymbol{\delta}_{n+1}\}=\{\Delta\boldsymbol{P}_n\} \tag{5-10}$$

$$\{\boldsymbol{\delta}_{n+1}\}=\{\boldsymbol{\delta}_{n}\}+\{\Delta\boldsymbol{\delta}_{n+1}\} \tag{5-11}$$

式中，$\{\Delta\boldsymbol{P}_n\}$ 为第 n 级迭代的增量荷载列阵。由于 $\{\boldsymbol{\delta}\}$ 发生了变化，结构总体刚度矩阵 $[\boldsymbol{K}]$ 一般要在每次迭代后根据计算结果重新形成，以跟踪结构的平衡位置和实际的受力状态，故此计算过程一般由计算机完成。

5.1.4.5 斜拉桥的抗风计算

桥梁的稳定与自身的动力特性、风及桥梁结构这三个因素相互作用相关，风对桥梁的作用包括静力作用和动力作用两方面。

（1）风的静力作用

在平均风作用下，假定结构保持静止不动，或者虽有轻微振动，但不影响空气的作用力，只考虑定常的（不随时间变化的）空气作用力称为风的静力作用，包括阻力、升力和扭转力矩三个分量。静力作用主要引起桥梁的强度、变形破坏和静力失稳。

（2）风的动力作用

桥梁作为一个振动体系，在近地紊流风作用下，产生的风致振动可以概括为 5 种类型：

① 颤振。颤振是一种危险性的自激发散振动，当自然风速达到桥梁的颤振临界风速时，自然风给桥梁输入的能量大于桥梁本身的阻尼在振动中所能耗散的能量，导致振幅逐步增大直至最后结构破坏。颤振有扭转颤振和弯扭耦合颤振两种形式。

② 驰振。驰振也是一种危险性的自激发散振动，由于桥梁振动导致气流相对攻角增大，又由于升力曲线的负斜率，使升力减小，相当于又增加了一个加剧振动的气动力，从而使桥梁产生像骏马奔驰那样上下舞动的竖向弯曲振动。同样，当达到临界风速时，桥梁振幅不断增大而最终导致破坏。

③ 涡激共振。风流经各种断面形态的钝体结构时都有可能发生旋涡的脱落，从而出现两侧交替变化的涡激力。当旋涡脱落频率接近或等于结构的自振频率时，将由此激发出结构的共振。

④ 抖振。大气中的紊流成分所激起的强迫振动，也称为紊流风响应。抖振是一种随机性的限幅振动（不至于发散），由于抖振发生的频度高，可能会引起结构的疲劳。过大的抖振振幅会引起人感不适，甚至危及桥上行车的安全。

⑤ 拉索雨振和尾流驰振。下雨时，雨水沿斜拉桥拉索下流时的水道改

变了原来的截面形状，从圆形异化为类似于结冰电缆的三角形。在一定的临界风速下，拉索会出现弛振。在并排拉索的斜拉桥中，处在前排拉索尾流区的后排拉索如果正好位于不稳定的弛振区，后排（下风侧）拉索会比前排（迎风侧）拉索发生更大的风致振动，这就是尾流弛振现象。

（3）静风荷载计算

桥梁是处于大气边界层内的结构物，其风速随着地理位置、地形条件、地面粗糙程度、高度、温度、空间的变化而不断变化。桥梁结构的风荷载一般由三部分组成：一是平均风作用；二是脉动风背景作用；三是脉动风诱发结构抖振而产生的惯性力作用。实际计算中将平均风和脉动风的背景作用两部分合并，总的影响和平均风影响之比称为等效静阵风系数 C_v，它是和地面粗糙程度、离地面（或水面）高度以及水平加载长度相关的系数。

① 基本风速。《公路桥涵设计通用规范》（JTG D60—2015）给出的基本风压是根据平坦空旷地面（Ⅱ类地表），离地面 20m 高，百年一遇的 10min 平均最大风速确定的，先将它换算为 10m 高处的基本风速：

$$U_{20}=\sqrt{1.6\omega_0},\quad U_{10}=0.836U_{20} \tag{5-12}$$

式中，ω_0 为从《公路桥涵设计通用规范》（JTG D60—2015）中的全国基本风压分布图中查出的桥位所在地区的基本风压；U_{10}、U_{20} 分别为 10m、20m 高度处的基本风速，m/s。

② 设计基准风速。设计基准风速与基本风速有如下关系式：

$$U_d=K_1U_{10} \tag{5-13}$$

式中，U_d 为设计基准风速，m/s；K_1 为考虑不同高度和地表粗糙度的无量纲修正系数。

③ 阵风风速。一般指平均时距为 1～3s 的风速，阵风风速与时距 10min 的平均风速之间的比值称为阵风系数。当缺乏实测阵风风速数据时，可按下列公式计算：

$$U_g=G_vU_d \tag{5-14}$$

式中，G_v 为阵风系数。

④ 等效静阵风荷载。将平均风和脉动风对桥梁结构的作用叠加，即得到等效静阵风荷载。除主梁外，作用在桥梁各构件单位长度上的风荷载可根据各构件不同基准高度上的等效静阵风荷载计算如下：

$$P_g=\frac{1}{2}\rho U_g^2C_DA_n \tag{5-15}$$

式中，P_g 为等效静阵风荷载，N/m；ρ 为空气密度，一般取 $\rho=1.225\text{kg/m}$；C_D 为桥梁各构件的阻力系数；A_n 为桥梁各构件顺风向单位长度的投影面积，m^2。

作用在主梁单位长度上的静力风荷载，除了应按图 5-16 所示的体轴坐标系计算三个方向的等效静风荷载外，还应考虑由于抖振响应引起的惯性荷载，计算如下：

横向风载 $$P_H = \frac{1}{2}\rho U_g^2 C_H D + P_{dH} \tag{5-16}$$

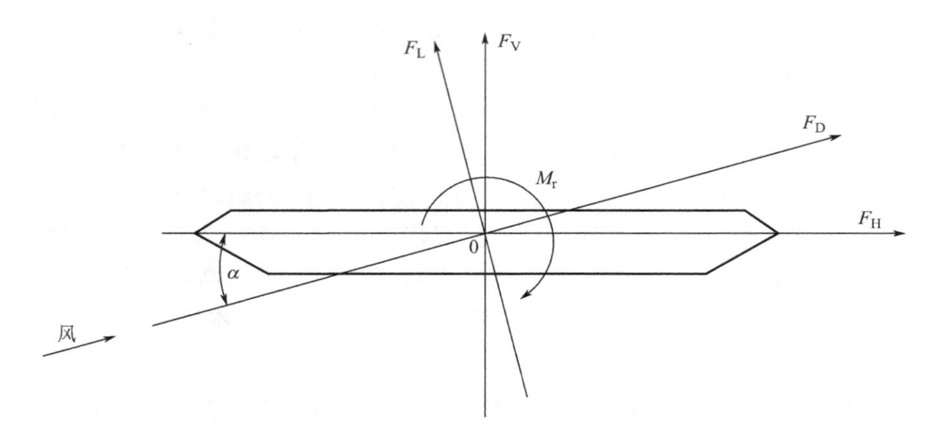

图 5-16　风轴与体轴坐标系及其气动力的方向

竖向风载 $$P_V = \frac{1}{2}\rho U_g^2 C_V D + P_{dV} \tag{5-17}$$

扭转力矩 $$M = \frac{1}{2}\rho U_g^2 C_M B^2 + P_{dM} \tag{5-18}$$

式中，C_H、C_V、C_M 为主梁体轴各方向的阻力、升力、扭转力矩系数；D、B 为主梁的侧向投影高度和宽度，m，P_{dH}、P_{dV}、P_{dM} 为抖振引起的结构水平、竖直、扭转向的惯性动力风荷载。

5.2 桥梁结构动力特性

5.2.1 动力特性计算模型

结构动力特性分析的正确性取决于其力学模型及其边界条件能否真实反映结构的工作行为。主梁模型中最常用的是单梁鱼骨式模型。动力特性分析时，一般采用线性空间有限元动力分析程序。塔墩和主梁可离散为三维梁单元，斜拉桥和悬索桥的缆索可离散为杆单元，但要计入初始恒载轴力的几何刚度。桥梁抗风设计中最重要的是主梁最低阶的对称和反对称的竖向弯曲、侧向弯曲和扭转共六个模态。对斜拉桥来说，由于主梁侧弯和扭转往往是强烈耦合的，要避免将侧弯为主稍带扭转的振型误认为扭转振型。

5.2.2　斜拉桥的基频估算

双塔斜拉桥的一阶竖向对称弯曲频率的简化计算公式为：

$$f_{b1}=\frac{1}{2\pi}\sqrt{\frac{K_b}{m}} \tag{5-19}$$

$$K_b=\left(\frac{\pi}{L_c}\right)^4(E_gI_g+2E_tI_t)+\frac{E_cA_c}{2aL_s}\sin^2\alpha \tag{5-20}$$

式中，E_c 为拉索的弹性模量，MPa；A_c 为中跨最长拉索的截面积，m^2；L_s 为中跨最长拉索的长度，m；a 为平均索距，m；α 为中跨最长拉索的倾角，°；E_g 为主梁材料弹性模量，MPa；E_t 为桥塔塔根材料弹性模量，MPa；I_g 为主梁截面竖向惯性矩，m^4；I_t 为塔根截面顺桥向惯性矩，m^4；L_c 为主跨跨径，m。

斜拉桥一阶扭转频率在初步设计阶段的抗风估算时，可采用下列经验公式估算：

$$f_{t1}=\frac{C}{\sqrt{L_c}} \tag{5-21}$$

式中，C 为与桥塔和主梁形状以及主梁材料有关的系数。

5.2.3　桥梁的阻尼

结构的阻尼直接影响动力响应的大小。由于无法进行计算分析，在进行抗风分析和风洞试验时，一般偏安全地取用结构阻尼统计值的下限值，见表 5-2。

表 5-2　桥梁的阻尼比

桥梁种类	阻尼比 ξ
钢桥	0.005
结合梁桥	0.01
混凝土桥	0.02

5.2.4 桥梁的颤振稳定性分析

1948年，Bleich第一次用Theodorson的平板空气公式来解决悬索桥的颤振分析，后经多人不断完善该计算方法。其中，Van der Put注意到在影响平板颤振临界风速的各种因素中可以偏安全地忽略阻尼的影响，并发现折算风速与弯扭频率比接近为线性关系，从而归纳出一个简单实用的临界风速计算公式：

$$U_{cr}=\eta_s\eta_\alpha\left[1+(\varepsilon-0.5)\sqrt{\frac{0.72r\mu}{b}}\right]\omega_b b \tag{5-22}$$

式中，ε 为扭弯频率比；b 为半桥宽；r 为断面回转半径；μ 为结构相对空气的质量比；η 为折减系数。近似公式在我国《公路桥梁抗风设计指南中被采用》。

或：

$$U_{cr}=\eta_s\eta_\alpha T_{h0}^{-1}f_t B \tag{5-23}$$

颤振检验风速为：

$$[U_{cr}]=K\mu_f U_d \tag{5-24}$$

颤振稳定安全性检验的表达式为：

$$U_{cr}\geqslant[U_{cr}] \tag{5-25}$$

根据桥址的气象资料估计出颤振检验风速，然后计算桥梁的颤振稳定性指标：

$$I_f=\frac{[U_{cr}]}{f_t B} \tag{5-26}$$

并根据 I_f 所在的范围，按表5-3进行不同要求的颤振稳定性验算。

表5-3 桥梁抗风稳定性分级表

分级	I_f	抗风稳定性	风洞试验要求及抗风措施
Ⅰ	<2.5	十分安全	可以不必进行风洞试验
Ⅱ	2.5～4.0	一般可以满足要求	需进行颤振分析、节段模型风洞试验
Ⅲ	4.0～7.5	要慎重对待	需进行节段模型试验、气动选型、颤振分析和全模型试验
Ⅳ	>7.5	必须采取抗风措施	需进行详细全面的节段模型试验、气动选型，颤振分析和全桥模型试验，必要时采用振动控制技术

5.3　桥梁的主要破坏形式

桥梁主要分为：

① 梁式桥：以受弯为主的主梁作为主要承重构件的桥梁。主梁可以是实腹梁或者是桁架梁（空腹梁）。梁桥又可分为简支梁桥、连续梁桥和悬臂梁桥。

② 拱式桥：以承受轴向压力为主的拱（称为主拱圈）作为主要承重构件的桥梁。按照主拱圈的静力图式，拱桥可分为三铰拱、两铰拱和无铰拱。

③ 斜拉桥：由主梁、斜向拉紧主梁的钢缆索以及支承缆索的索塔等部分组成。

④ 悬索桥：又名吊桥，是以承受拉力的缆索或链索作为主要承重构件的桥梁。悬索桥由悬索、索塔、锚碇、吊杆、桥面系等部分组成。悬索桥的主要承重构件是悬索，它主要承受拉力，一般用抗拉强度高的钢材（钢丝、钢绞线、钢缆等）制作。由于悬索桥可以充分利用材料的强度，并具有用料省、自重轻的特点，因此悬索桥在各种体系桥梁中的跨越能力最大跨径可以达到 1000m 以上。悬索桥的主要缺点是刚度小，在荷载作用下容易产生较大的挠度和振动，需注意采取相应的措施。

桥梁受到顺桥向和横桥向水平地震力的作用，导致落梁、桥梁横向变位。图 5-17、图 5-18 是桥梁受顺桥向力的作用导致的破坏，图 5-19、图 5-20 是受横桥向力作用导致的破坏，图 5-21 为昆明立交桥坍塌照片。

图 5-17　落梁破坏样图

图 5-18　变形缝处地震时挤压碰撞破坏

我国目前已经跨入桥梁建设技术先进国家行列，道桥的工程建设项目随着国家大型建设工程的实施也越来越多。不同形式的桥梁结构已经较为普遍。

图 5-19　桥梁横向变位图

图 5-20　挡块被挤裂

图 5-21　昆明立交桥坍塌

有关桥梁的建设过程数据取得还是一大难题，桥梁维护运营还没有得到足够重视，有关桥梁事故的监测和预警体系还没有建设起来。今后桥梁的发展趋势必然是向着大跨径，结构形式多样化、轻型化方向发展。因此，桥梁的施工观测与控制、各种载荷作用下的稳定性研究、抗风稳定性、桥梁使用寿命的研究也就会受到重视。但是这些研究所需要的数据的取得还没有较为普及的获取方法，现在主要应用的是经验数据。目前，还没有较为成熟的、能够应用于工程建设现场及运营维护阶段的道桥的动态变形监测手段。

5.4　传统监测方法

桥梁的主要缺陷包括外观缺陷、裂缝、内部缺陷、混凝土碳化及钢筋锈蚀。监测系统通过对桥梁所承受的荷载、环境、几何形状以及结构静动力等关键参数进行实时监测。桥梁受风荷载、车载、温度和地震影响较大，为保证桥梁在上述条件下的安全运营，必须研究桥梁在上述条件下的实际动态位移曲线变化图，而目前这种研究仅局限于理论和模型试验。主要原因是测试仪器的不合理、对大桥瞬间变形的捕捉没有办法实现，对大桥不能连续实时监测。

目前，用于结构监测的仪器和方法主要有：全站仪、精密水准仪、位移传感器、加速度传感器和激光测试方法。

① 全站仪自动扫描法，对各个测点进行 7s 一周的连续扫描，其缺点是各测点不同步以及大变形时不可测。上海杨浦大桥采用的就是这种方法。

② 位移传感器是一种接触型传感器，必须与测点相接触，其缺点是对于难以接近点无法测量以及对横向位移测量有困难。

③ 加速度传感器，对于低频静态位移鉴别效果差，为获得位移必须对它进行两次积分，精度不高，也无法实施。而大型桥的频率一般都较低。

④ 激光法测试精度较高，但在桥梁晃动大时，无法捕捉光点，也无法进行测量。

桥梁健康监测系统所监测的内容主要有以下几方面：

① 荷载，包括风、地震、温度、交通荷载等。所使用的传感器有：风速仪——记录风向、风速进程历史，连接数据处理系统后可得风功率谱；温度计——记录温度、温度差时程历史；动态地秤——记录交通荷载流时程历史，连接数据处理后可得交通荷载谱；强震仪——记录地震作用；摄像机——记录车流情况和交通事故。

② 几何监测，监测桥梁各部位的静态位置、动态位置、沉降、倾斜、线形变化、位移等。所使用的传感器有：位移计、倾角仪、全球定位系统（GPS)、电子测距器（EDM)、数字相机等。

③ 结构的静动力反应，监测桥梁的位移、转角、应变应力、索力、动力反应（频率模态）等。所使用的传感器有：应变仪——记录桥梁静动力应变应力，连接数字处理后可得构件疲劳应力循环谱；测力计（力环、磁弹性仪、剪力销）——记录主缆、锚杆、吊杆的张拉历史；加速度计——记录结构各部位的反应加速度、连接数据处理后可得结构的模态参数。

④ 非结构部件及辅助设施支座、振动控制设施等。目前比较先进的监测方法就是使用 GPS，在桥梁高层结构上进行实地测试，有关研究人员使用该方法在 1996 年对深圳帝王大厦、1998 年对香港的青马大桥进行了试验研究，1999 年在广州虎门大桥进行了实桥测试，目前已正常工作，其工作原理是利用接收导航卫星载波相位进行实时相位差分，即 RTK 技术（real time kinematic)，实时测定大桥位移。但是利用 GPS 进行动力分析和研究桥梁在风和车辆作用下的力学行为还不充分。

传统检测手段可以对桥梁的外观及某些结构特性进行监测。检测的结果一般也能部分地反映结构当前状态，但是却难以全面反映桥梁的健康状况。

5.5 济南小清河试验现场及目标

5.5.1 试验现场简介

本次研究共对五座桥梁进行了相关观测研究，包括凤凰山路桥、黄台码头桥、菜园路桥、洪园节制闸以及国棉厂桥，试验的时间从2009年开始，截至2011年上半年，在近三年的时间里分别对以上桥梁进行了变形监测。其中，国棉厂桥在使用本方法研究的基础上引进了性能更优异的三维激光扫描仪同时进行变形测量。

(1) 凤凰山路桥

济南市小清河凤凰山路桥位于规划凤凰山路上，跨越小清河，结构型式为自平衡钢筋混凝土中承式刚架系杆拱，跨径布置为18+60+18m，桥宽31.5m。桥面为双向四车道，机动车道宽15m，两侧各有2.85m设施带、3m慢车道、2m人行道、0.4m栏杆基座。汽车设计荷载标准为城-A级，人行道荷载设计标准为5.0kPa的均布荷载。

凤凰山路桥立面照、正面照、底面照分别如图5-22～图5-24所示。

图5-22 凤凰山路桥桥梁立面照

图5-23 凤凰山路桥桥梁正面照

(2) 黄台码头桥

小清河黄台码头桥为一座专用人行桥，该桥位于航运路与二环东路之间，跨越小清河。该桥结构型式为三跨双塔单索面无背索斜拉桥，跨径布置为20+80+20m，桥面宽10m，斜塔位于横断面中间，宽1.8m，栏杆基座为0.2m。人行道荷载设计标准为3.5kPa的均布荷载。

黄台码头桥的立面照、正面照、底面照分别如图 5-25～图 5-27 所示。

图 5-24 凤凰山路桥桥梁底面照

图 5-25 黄台码头桥桥梁立面照

图 5-26 黄台码头桥桥梁正面照

图 5-27 黄台码头桥桥梁底面照

(3) 菜园路桥

小清河菜园路桥位于化纤厂路西侧规划路（菜园桥路）上，上跨小清河。该桥为人行桥，跨径布置为 92.04＋10.48m，桥宽 17.8m，主跨结构型式为自平衡提篮式钢管混凝土下承式拱桥，边跨为空心板简支梁桥，基础为钻孔灌注桩基础。人行道荷载设计标准为 3.5kPa 的均布荷载。

菜园路桥的立面照、正面照、底面照分别如图 5-28～图 5-30 所示。

(4) 洪园节制闸

洪园节制闸是小清河综合治理工程的重要组成部分，节制闸的工程任务是汛期泄洪，汛后拦蓄洪水，形成水面，增加城市景观亮点。

洪园节制闸设计洪水标准为 100 年一遇，设计流量为 766.0m^3/s，相应设计洪水位为 23.57m。校核洪水标准为 200 年一遇，校核流量为 937.0m^3/s，校核水位为 24.53m。

图 5-28　菜园路桥桥梁立面照

图 5-29　菜园路桥桥梁正面照

图 5-30　菜园路桥桥梁底面照

洪园节制闸共 7 孔，每孔净宽 13.00m，边孔为整体式混凝土结构。闸室段长 8.80m，宽 103.00m，闸边墩厚 1.5m，闸中墩厚 2.00m，闸室上游设宽 1.40m 工作桥，闸室下游设交通桥，桥面宽度为净 (13.50+2×0.5)m，桥面高程 26.39m。交通桥基础采用碎石含量 30%的碎石土换填，换填后的碎石土压实度不下于 0.96，地基承载力不下于 160kPa，交通桥底板碎石土换填 2.00m。洪园节制闸上游共长 49.50m，设有 200m 长钢筋混凝土，铺盖上游接 15m 长的浆砌石，厚 0.5m，混凝土防渗板长 34.5m，厚 0.5m。洪园节制闸下游河段共长 60.9m，设有 21.3m 长的钢筋砼消力池，池深 1.2m，消力池后接 30.00m 长的浆砌石海漫护底，厚 0.5m，海漫后设抛石防，冲槽槽底高程 14.34m，槽深 1.00m。洪园节制闸两岸对称布置上下游导流墙，导流墙为悬臂式钢筋砼，最大挡土高度为 11.09m，左岸岸墙墙顶高程为 20.88m，右岸岸墙墙顶高程为 22.50m。

启闭机控制室位于闸室下游左岸 24.58m 的平台上，高 5.4m，钢筋混凝土框架结构，建筑面积为 98m^2，外围造型面积为 96m^2。控制室外墙使用仿古砖装饰，控制室房顶使用大理石，扶手使用不锈钢管装饰，启闭机液压站和控制柜放置于控制室内。

洪园节制闸照片如图 5-31 所示。

(5) 国棉厂桥

国棉厂桥位于国棉一厂处，规划路跨越小清河，无现状桥。桥位处小清河规划宽度 140m，主河槽宽 100m，断面型式为复式河槽。

新建国棉厂桥结构型式为三跨连续钢箱梁桥，桥面宽为 10m，桥梁外装饰为纺锤形斜拉桥，中间两装饰塔高度为 18.57m，两端供塔高为 9.3m，如图 5-32 所示。

图 5-31　洪园节制闸

图 5-32　国棉厂桥

5.5.2　试验目的

桥梁检测的目的主要有：

① 检验桥梁结构设计与施工质量，确定工程可靠性，为交工验收提供依据；

② 了解桥梁结构在试验荷载作用下的实际工作状态；

③ 为桥梁日后的养护管理提供基础数据。

5.5.3　试验检测项目

济南市小清河 5 座桥梁需要检测的项目见表 5-4。

表 5-4　检测项目

序号	桥名	检测项目	重点检测内容
1	凤凰山路桥	外观检查	拱肋、横向连接系、吊杆及封锚、系杆及防护板
		静载试验	拱顶最大正应力和挠度、拱脚最大负应力、墩台顶最大水平位移、吊杆张力、横梁跨中最大正应力和挠度
		动载试验	基频、冲击系数、阻尼比

续表

序号	桥名	检测项目	重点检测内容
2	黄台码头桥	外观检查	斜拉索、锚头、主梁、索塔
		静载试验	主梁跨中截面最大正应力和挠度、主梁塔根截面最大负应力、塔顶纵向最大偏位、桥塔塔根截面最大负应力、斜拉索张力
		动载试验	基频、阻尼比
3	菜园路桥	外观检查	拱肋、横向连接系、吊杆及封锚、横梁
		静载试验	拱顶最大正应力和挠度、拱脚最大负应力、墩台顶最大水平位移、吊杆张力、横梁跨中最大正应力和挠度
		动载试验	基频、阻尼比
4	洪园节制闸	外观检查	拱肋、横向连接系、吊杆及封锚、系杆及防护板
		静载试验	拱顶最大正应力和挠度、拱脚最大负应力、墩台顶最大水平位移、吊杆张力、横梁跨中最大正应力和挠度
		动载试验	冲击系数、阻尼比
5	国棉厂桥	外观检查	拱肋、横向连接系、吊杆及封锚、系杆及防护板
		静载试验	拱顶最大正应力和挠度、拱脚最大负应力、墩台顶最大水平位移、吊杆张力、横梁跨中最大正应力和挠度
		动载试验	冲击系数、阻尼比

5.5.4 技术要求

5.5.4.1 外观检查

由专业桥梁检测队伍对桥梁构件进行接触式的外观检查。外观检查以目视观察为主，辅以必要的测量仪器和设备，如水准仪、经纬仪、裂缝镜、裂缝深度观测仪、望远镜、照相机、活动梯、活动支架（或桥梁检查车）卷尺及激光测距仪等仪器。外观检查主要是检测构件裂缝、混凝土风化剥落、渗水、破损、露筋、空洞、锈蚀等病害，确定构件病害的位置和尺寸，并做标记和详细记录。

（1）外观检查的顺序

① 按从下往上的总体顺序检查，即：下部结构→支座→上部结构→桥面系。

② 构件按编号顺序检查。

（2）外观检查要求

① 对发现的桥梁病害处用粉笔或油性笔进行正确标识，标识内容包括检查日期、病害描述（病害长度、宽度、深度等），并作为以后的跟踪观测点。

② 对每一缺损的位置、范围、性质、程度和成因做详细的文字描述，并附草图，标明大小、尺寸及其与结构相关的几何图形的位置。除常规照片外，还须对每处病害进行拍照存档，所拍的照片要能够反映缺损大小及其与结构的相对位置。

③ 对于损坏严重或桥梁病害可能对结构承载力产生较大影响的桥梁，除了按检测方案要求进行全面检测外，还要对结构性损伤进行加密检测；对病害原因判断困难的情况，增加必要的附加检测内容等手段，对重点病害进行进一步的检测，同时根据现场检测的具体情况对预先确定的存在重点病害的桥梁进行复核，并由项目负责人组织现场技术人员结合实际情况进行分析，对检测重点做出临时调整，以便对病害产生的原因及其危害进行准确判断。

④ 对检测原始数据进行内业整理，用文字、病害展开图、照片、表格等形式对病害的发生部位、形态、特征、外形尺寸进行准确的描述，在此基础上对存在的病害进行深入细致的分析，找出病害发生的原因、性质、发展趋势及可能对结构安全产生的影响。

5.5.4.2　静载试验

（1）试验荷载确定的原则

荷载试验应以设计荷载等级相应的活载效应控制值或有特殊要求的荷载效应值作为试验控制荷载。

拟定静载试验各测试项目的荷载大小和加载位置时，采用静载试验效率 η_q 进行控制。为保证试验效果，η_q 应介于 0.85 ～ 1.05，η_q 计算如下：

$$0.8 \leqslant \eta_q = \frac{S_s}{(1+\mu)S} \leqslant 1.0$$

式中：S_s 为静力试验荷载作用下，某一加载试验项目对应的加载控制截面内力或变位的最大计算效应值；S 为控制荷载作用下控制截面最不利计算内力值（不计冲击）；μ 为按规范取用的冲击系数。

（2）加载载位与试验工况的确定

根据结构的受力、构造特点及测试内容，确定加载载位和加载工况。加载载位与加载工况确定的原则如下：

① 尽可能用最少的加载车辆达到最大的试验荷载效率。

② 为了缩短现场试验时间，尽可能简化加载工况，在满足试验荷载效率以及能够达到试验目的前提下对加载工况进行合并，以尽量减少加载位置。

③ 每一加载工况依据某一试验项目为主，兼顾其他检验项目。

（3）测试项目及量测方法

本次静力荷载试验的主要观测项目及量测方法为：

① 控制截面的挠度及支座压缩变形，在桥面布置测点，用精密水准仪进行观测。

② 控制截面的应变，在构件表面安装钢弦应变计与配套的读数仪相连接进行测量。

③ 索力的测量采用索力测定仪进行测量。

④ 裂缝的出现和扩展，采用裂缝观测仪进行裂缝宽度观测，包括初始裂缝的出现，裂缝的宽度、长度、间距、位置、方向和形状，以及卸载后的闭合状况。

（4）试验规则

① 静力试验原则上应选择在气温变化不大于2℃和结构温度趋于稳定的时间间隔内进行，试验可选择在气温差异不大的阴天或夜间进行。正式加载前，用试验最大加载量的20%～30%的荷载对试验孔跨中截面进行预加载，并检验测试组织及仪表是否处于正常工作状态。

② 静力荷载持续时间，主要取决于结构变位达到相对稳定的时间，只有结构变位达到相对稳定，才能进入下一级荷载试验阶段。同一级荷载内，当结构在最后五分钟内的变位增量小于前一个五分钟增量的5%，或小于所用测量仪器的最小分辨率值时，即认为结构变位达到相对稳定。

③ 全部测点在加载开始前均应进行零级荷载的读数，以后每级加载或卸载后应立即读数一次，并在主梁变位达到相对稳定后，进入下一级荷载前，再读数一次。

④ 结构控制截面的变位、应力（或应变）在未加到最大试验荷载前，提前达到或超过设计计算值，读数不稳定时，应立即终止加载。

5.5.4.3 动载试验

（1）试验项目

动载试验用于了解桥梁自身的动力特性和抵抗受迫振动和突发荷载的

能力。其主要项目应包括：测定桥梁结构的自振特性，如测量结构或构件的自振频率、阻尼比等的脉动试验；检验桥梁结构在动力荷载作用下的受迫振动特性，如测量冲击系数等的行车和跳车试验。

（2）脉动试验

在桥面无任何交通荷载以及桥址附近无规则振源的情况下，通过高灵敏度动力测试系统测定桥址处风荷载、地脉动、水流等随机荷载激振而引起桥跨结构的微小振动响应，测得结构的自振频率、阻尼比等动力学特征。

（3）行车试验

试验时，拟采用1～2辆试验车，以车速为20km/h、30km/h、40km/h、50km/h匀速通过桥跨结构，由于在行驶过程中对桥面产生冲击作用，使桥梁结构产生振动。通过动力测试系统测定桥跨结构主要控制截面测点的动挠度时间历程曲线和车辆对桥面的冲击系数。

（4）跳车试验

试验时，让1辆试验车的后轮在主桥跨中位置从高度为15cm的三角形垫木突然下落，从而对桥梁产生冲击作用，激起桥梁的竖向振动，测定此时桥梁跨中的竖向振动衰减曲线，计算桥梁结构的阻尼比。

当行车试验、跳车试验因条件限值无法实施时，可采用其他激振方式代替。

5.6　济南小清河桥梁试验过程

5.6.1　黄台码头桥

因黄台码头桥为行人桥，所以采用人力动力试验。试验时安排15人在桥梁7个不同位置同时进行连续不间断跳跃，跳跃将使桥梁产生震动变形，然后通过高精度数码相机捕捉变形点的位移，从而研究其变形特征。

按试验要求，将制作好的即时贴变形标志粘贴于待测桥梁的主体桥面结构上；将参考点标志粘贴于桥两侧的斜拉基础上（图5-33），粘贴好标志后，应对其进行编号，自左至右（实地为自南向北）为U1、C1～C7、U2。

试验开始安排15人（按70kg/人计算，总重量＝15人×70kg＝1050kg），自桥的南端第一个变形观测点开始，原地跳跃1～2min，期间由指挥者统一发令，协调四个拍摄人瞬间同时完成拍摄。一个点拍摄完成后，

图 5-33　变形标志、参考点标志的粘贴（示意）

到下一个观测点依次完成拍摄，共进行 7 次拍摄。

黄台码头桥相机布置如图 5-34 所示。其中，BS01、BS02 为布置于小清河南岸的两台观测相机；BN01、BN02 为布置于小清河北岸的两台观测相机。B1 为位于桥南端斜拉基础上的参考点，B2 为位于桥体上中间的变形点，B3 为位于桥北端斜拉基础上的参考点。

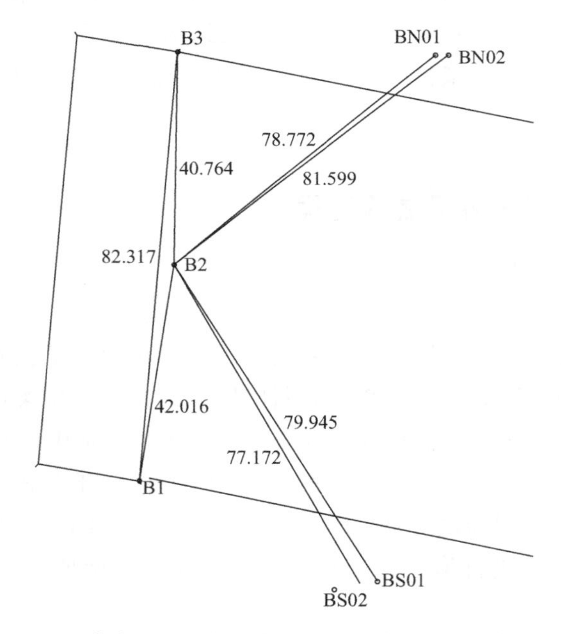

图 5-34　黄台码头桥相机布置平面示意图（全站仪测得）

黄台码头桥部分测点全站仪测量结果见表 5-5。

表 5-5　黄台码头桥部分测点全站仪测量结果

点号	X	Y
BS01	7797.672	13823.158
BS02	7793.076	13822.925
B1	7736.051	13842.164
B2	7744.925	13883.232
B3	7745.984	13923.982
BN01	7812.694	13923.386
BN02	7815.993	13923.328

5.6.2　凤凰山路桥

凤凰山路桥基线如图 5-35 所示。

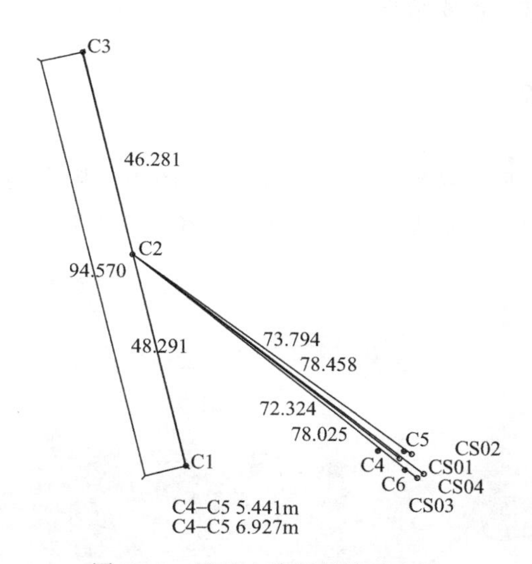

图 5-35　凤凰山路桥基线示意图

凤凰山路桥各测点测量结果见表 5-6。

表 5-6　凤凰山路桥各测点测量结果

点号	X	Y
CS04	8810.485	14819.519
CS03	8809.216	14818.612
C6	8806.411	14820.393

续表

点号	X	Y
CS01	8805.418	14822.995
CS02	8807.894	14823.825
C5	8806.206	14824.407
C4	8800.765	14824.407
C1	8760.244	14820.760
C2	8748.484	14867.597
C3	8737.778	14912.623

5.6.3 国棉厂桥

在国棉厂桥的变形监测中，同时使用了三维激光扫描仪对个别点进行了重点监测，得出了重要结果。

5.6.4 菜园路桥

菜园桥试验变形点粘贴如图 5-36 所示。图中，圆点为变形观测点，方形点为参考点，图中变形点自左至右为 C1～C7 号变形观测点。

图 5-36 菜园桥试验变形点粘贴示意图

菜园路桥变形监测实测平面示意图如图 5-37 所示。图中，AS01、AS02 为位于小清河南岸的两台相机观测点，AN01、AN02 为位于小清河北岸的两台相机观测点，A1、A3 为位于桥上的参考观测点，A2 为 4 号变形点，

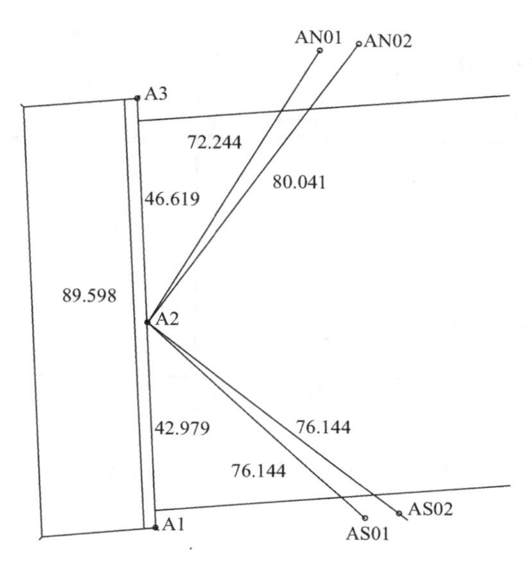

图 5-37 菜园路桥变形监测实测平面示意图

图中距离单位为 m。

菜园路桥各测点测量结果见表 5-7。

表 5-7 菜园路桥各测点测量结果

点号	X	Y
AS02	6809.055	12824.599
AS01	6800.078	12823.633
A1	6745.205	12821.082
A2	6742.449	12863.973
A3	6739.235	12910.481
AN01	6787.048	12920.807
AN02	6797.281	12922.282

5.6.5 洪园节制闸

洪园节制闸测量平面示意图如图 5-38 所示。

试验开始后，首先拍摄一张零相片，作为后继相片的参考，之后每 3s 进行一次拍摄，得到一组影像序列进行数据对比。本次试验共拍摄 15 张照片。

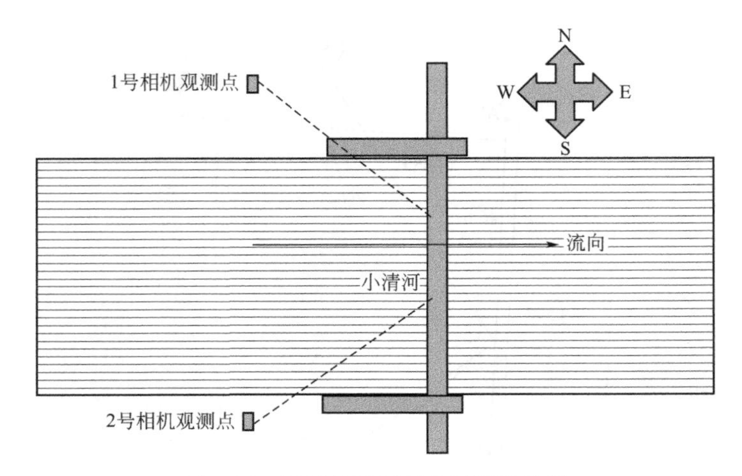

图 5-38 洪园节制闸测量平面示意图

5.7 小清河试验数据处理及分析

5.7.1 黄台码头桥

黄台码头桥震动变形曲线图见图 5-39，黄台码头东二桥变形点像素坐标值见表 5-8。

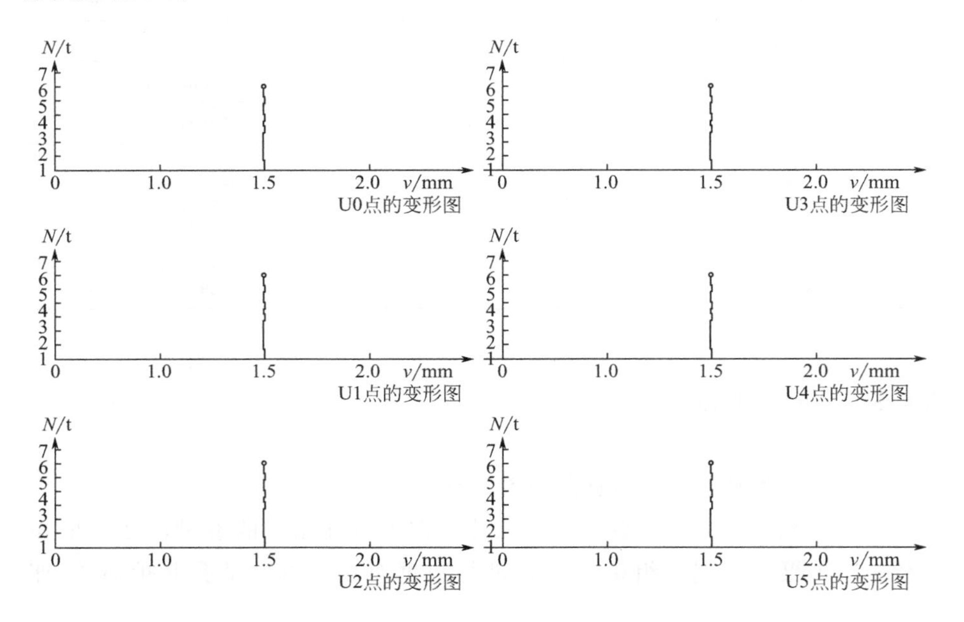

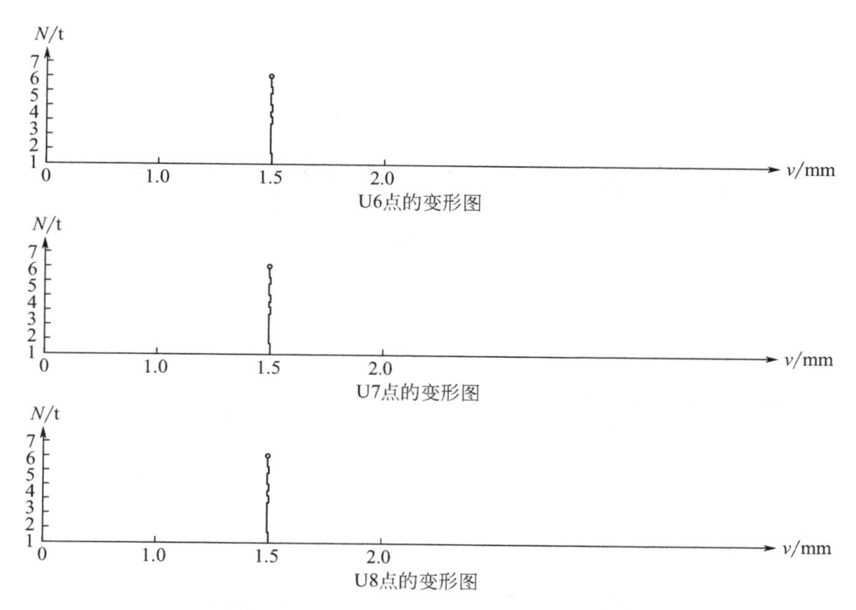

图 5-39　黄台码头桥变震动变形曲线图

表 5-8　黄台码头东二桥变形点像素坐标值

片号	荷载	x0	z0	x1	z1	x2	z2	x3	z3	x4	z4	x5	z5	x6	z6	x7	z7
2\0	1.00	426	1466	826	1407	1059	1368	1437	1333	1800	1314	2278	1313	2685	1326	3261	1362
2\1	1.00	316	1468	725	1410	963	1371	1342	1337	1707	1319	2185	1318	2592	1332	3165	1371
2\2	1.00	308	1470	718	1410	955	1374	1335	1338	1700	1320	2179	1319	2586	1333	3158	1371
2\3	1.00	315	1464	723	1406	961	1369	1339	1332	1705	1315	2184	1314	2591	1329	3163	1367
2\4	1.00	306	1468	715	1410	954	1372	1333	1336	1699	1319	2177	1318	2584	1332	3156	1370
2\5	1.00	306	1466	713	1408	952	1370	1332	1335	1697	1317	2176	1315	2582	1329	3155	1368
2\6	1.00	312	1468	718	1408	959	1369	1336	1335	1702	1317	2180	1315	2588	1330	3160	1368
2\7	1.00	310	1468	718	1408	958	1369	1336	1335	1701	1317	2180	1316	2587	1330	3159	1368
2\8	1.00	314	1462	721	1405	963	1365	1339	1331	1704	1313	2182	1312	2590	1327	3162	1365

5.7.2　凤凰山路桥

凤凰山路桥震动变形曲线图见图 5-40。凤凰山路东三桥变形点像素坐标值就不再罗列。

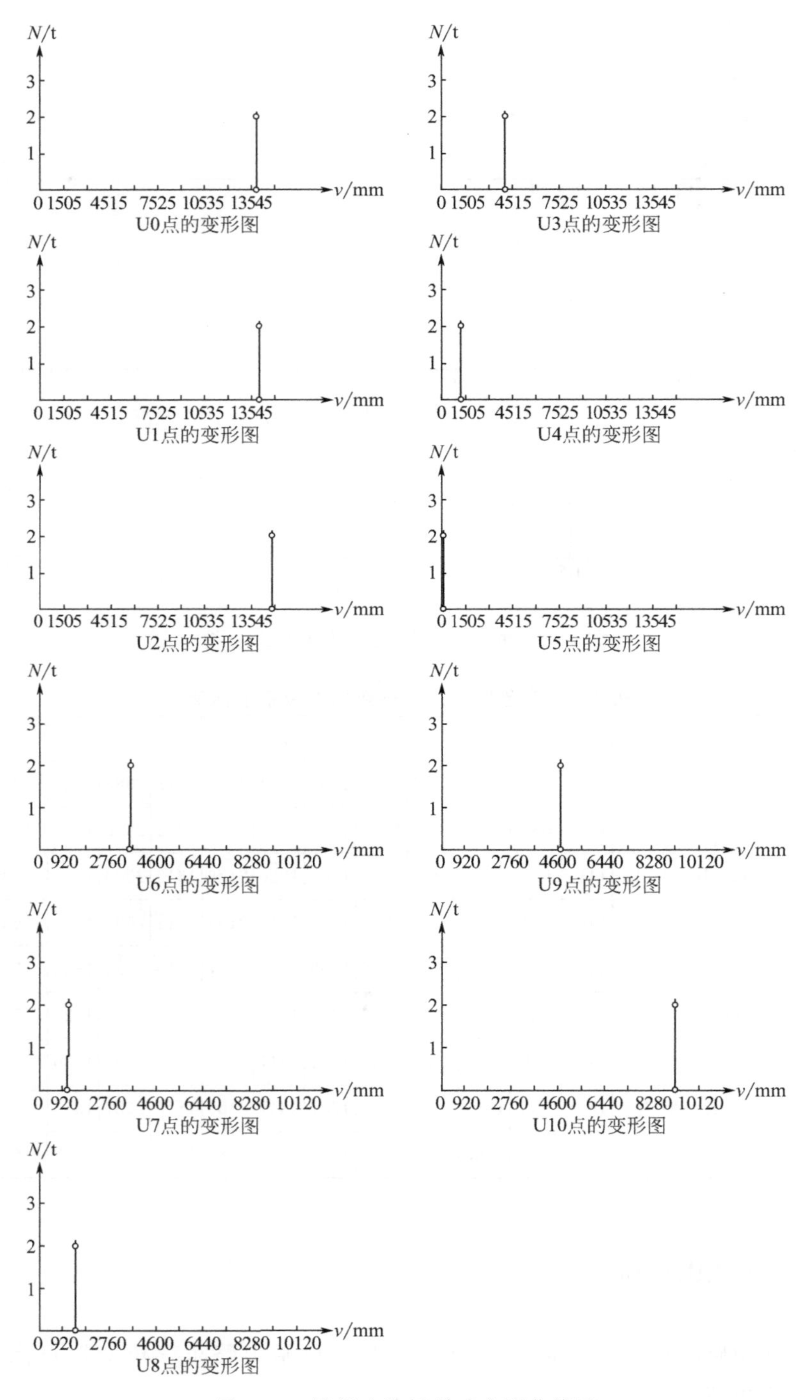

图 5-40 凤凰山路桥震动变形曲线图

5.7.3 国棉厂桥

国棉厂桥试验平面示意图如图 5-41 所示，各主要点间距离要素见表 5-9。

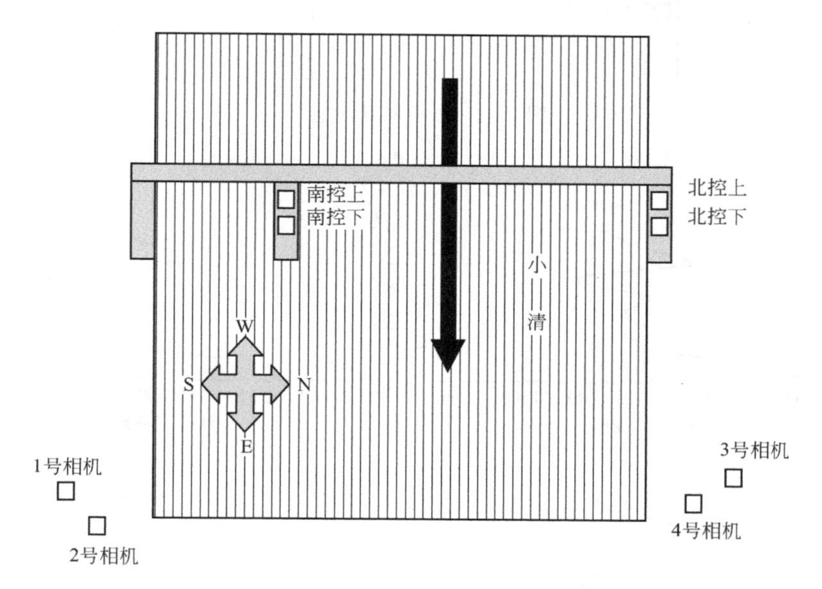

图 5-41　国棉厂桥试验平面示意图

表 5-9　各主要点间距离要素　单位：m

	南控上	南控下	北控上	北控下	4 号相机	3 号相机	2 号相机
1 号相机	114.570	114.717	165.685	165.646	116.202	119.468	4.630
2 号相机	118.283	118.431	167.553	167.514	114.624	117.921	
4 号相机	137.229	137.099	114.947	114.936	0.000	3.389	
5 号相机	138.526	138.398	113.995	113.986			
南控上	0.000	0.343	86.802	86.758			
南控下	0.343	0.000	86.800	86.755			
北控上			0.000	0.383			
北控下			0.383	0.000			

测量点位布置如图 5-42 所示。图中，U_0～U_8 为变形点，点距 9m 左右，C_1～C_4 为参考点。

4 号相机变形图的分图显示和同图显示分别如图 5-43、图 5-44 所示。

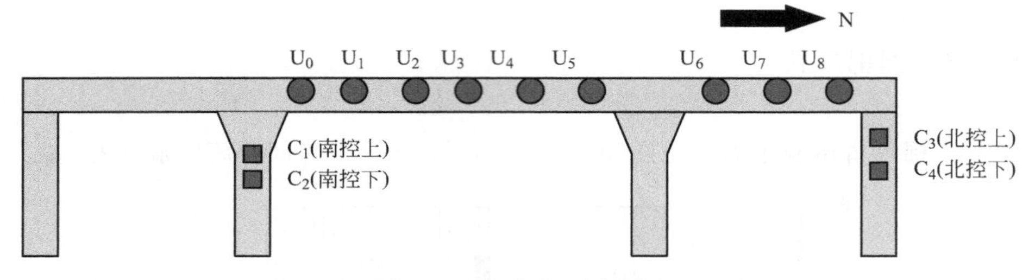

图 5-42 点位布置示意图

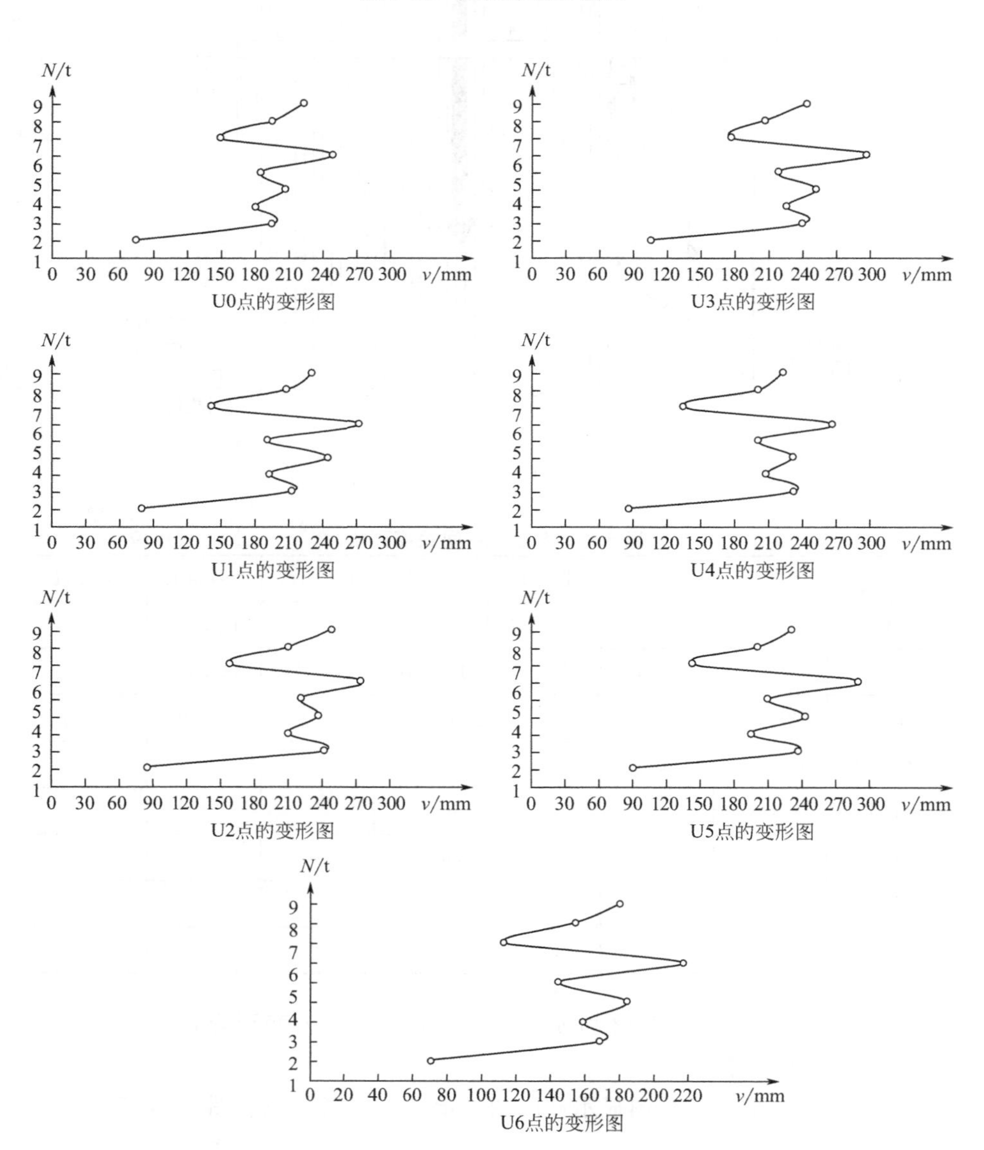

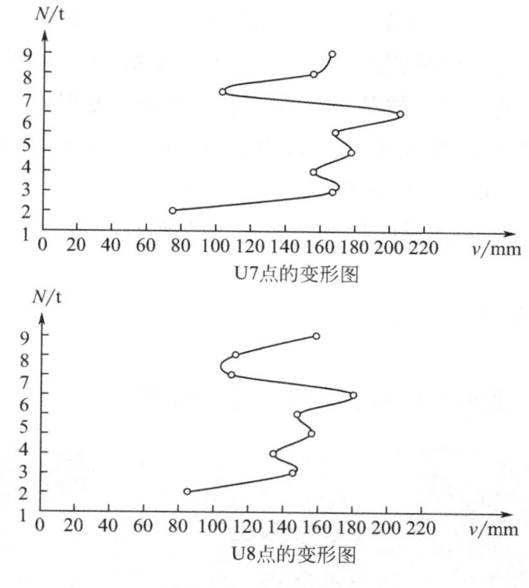

图 5-43　分图显示

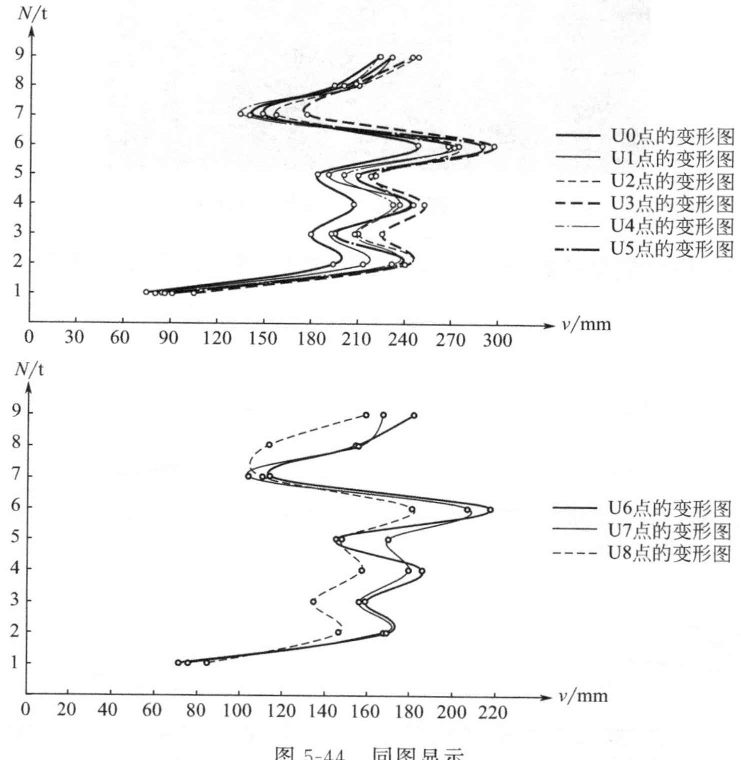

图 5-44　同图显示

通过以上同图显示资料看，U3 点的变形是最剧烈的。U3 点位于桥的最中间，因此变形幅度应该最剧烈。U8 点变形幅度最小，这也与实际情况相吻合，因其位于桥的最北端，故其受影响最小。其他点变形幅度位于两者之间。

从曲线整体来看，均成垂直摆动状，反映出变形的弹性变化特征，这说明在此载荷（1050kg 原地连续跳跃 3s 以上，下同），桥的震动特征明显地表现为弹性变形特征。说明桥的抗震特性在此载荷下是符合设计要求的。

5.7.4 菜园路桥

菜园路桥试验变形点粘贴示意图如图 5-45 所示。

图 5-45 菜园路桥试验变形点粘贴示意图

菜园路桥受震动荷载变形曲线图如图 5-46 所示，各主要点间距离要素见表 5-10。

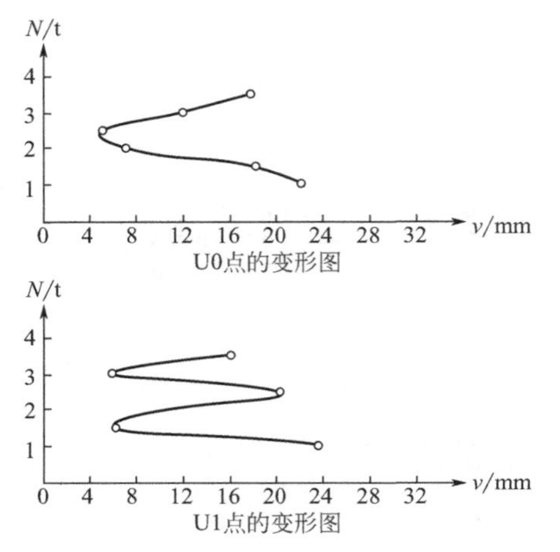

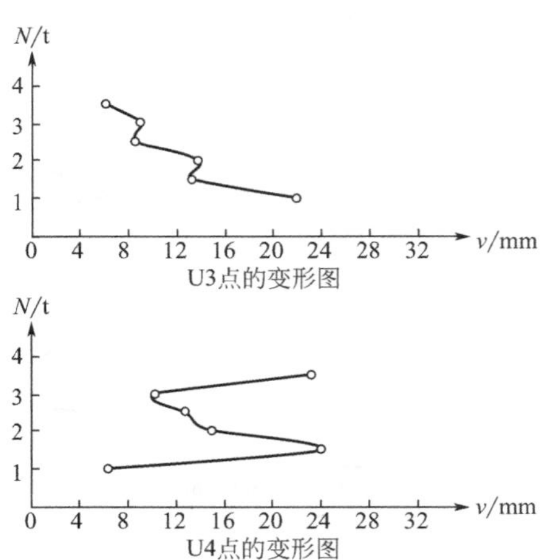

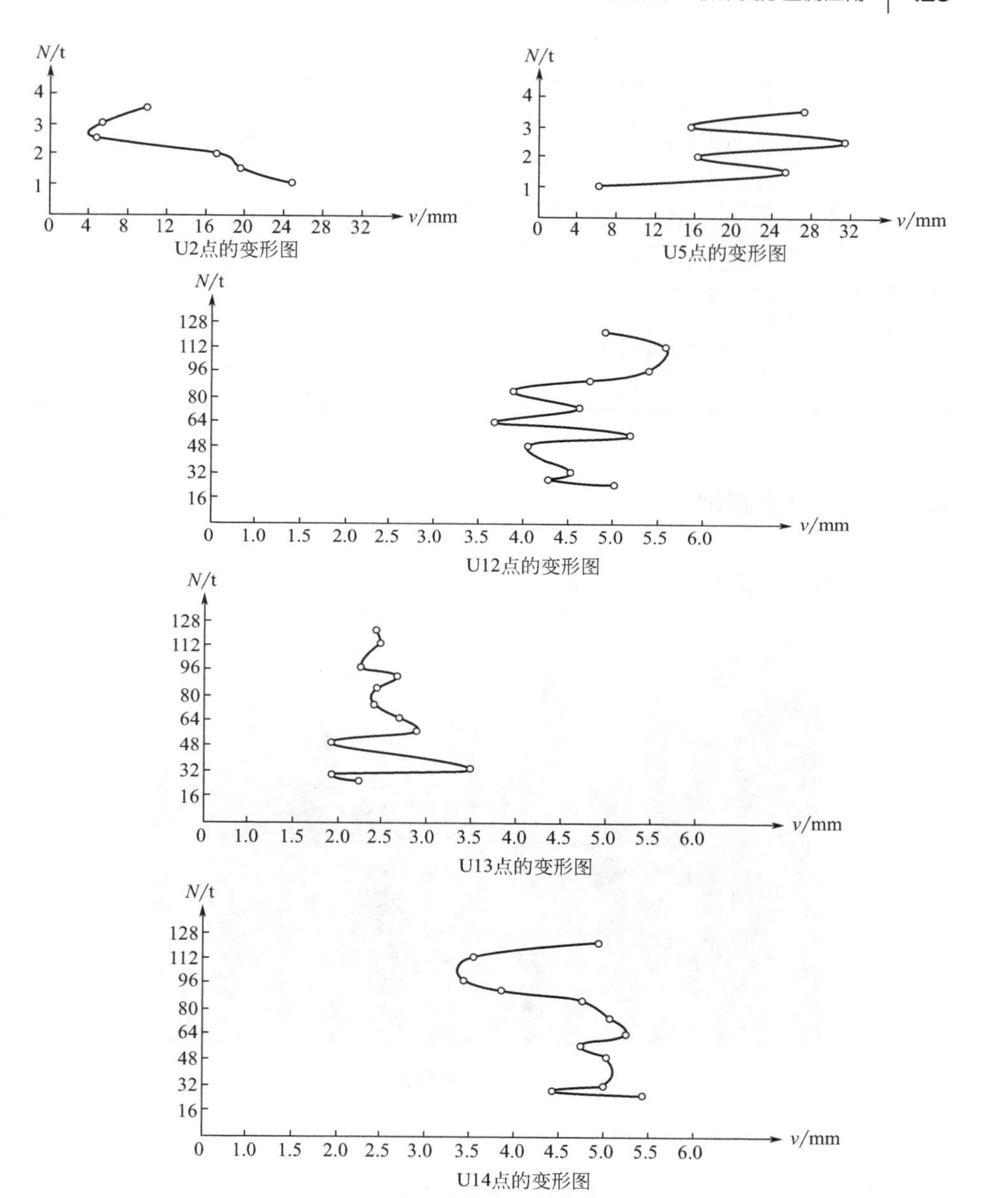

图 5-46　分图显示

表 5-10　各主要点间距离要素　　单位：m

片号	荷载	x0	z0	x1	z1	x2	z2	z3	x4	z4	x5	z5	x6	z6
2\0	1.00	426	1466	826	1407	1059	1368	1333	1800	1314	2278	1313	2685	1326
2\1	1.00	316	1468	725	1410	963	1371	1337	1707	1319	2185	1318	2592	1332

续表

片号	荷载	x0	z0	x1	z1	x2	z2	z3	x4	z4	x5	z5	x6	z6
2\2	1.00	308	1470	718	1410	955	1374	1338	1700	1320	2179	1319	2586	1333
2\3	1.00	315	1464	723	1406	961	1369	1332	1705	1315	2184	1314	2591	1329
2\4	1.00	306	1468	715	1410	954	1372	1336	1699	1319	2177	1318	2584	1332
2\5	1.00	306	1466	713	1408	952	1370	1335	1697	1317	2176	1315	2582	1329
2\6	1.00	312	1468	718	1408	959	1369	1335	1702	1317	2180	1315	2588	1330
2\7	1.00	310	1468	718	1408	958	1369	1335	1701	1317	2180	1316	2587	1330
2\8	1.00	314	1462	721	1405	963	1365	1331	1704	1313	2182	1312	2590	1327

5.7.5 洪园节制闸

洪园节制闸的测试点设计如图 5-47 所示。

图 5-47 洪园节制闸测试点

各点的变形值如表 5-11 所示。

表 5-11 各点的变形值

拍摄次序	DX_0	DZ_0	DX_1	DZ_1	DX_2	DZ_2	DX_3	DZ_3
1	−4.10	−2.66	−2.56	−1.65	−1.82	−1.17	−1.34	−0.90
2	−1.04	1.49	−0.62	0.94	−0.46	0.66	−0.35	0.47
3	0.00	−1.05	0.02	−0.62	0.00	−0.44	0.00	−0.34
4	−1.72	1.19	−1.03	0.76	−0.73	0.54	−0.53	0.39
5	0.00	0.02	0.00	0.02	0.00	0.02	0.00	0.00

根据表 5-11 中的数据绘制钢结构货架荷载-挠度曲线图（其中 $v=\sqrt{DZ^2+DX^2}$），如图 5-48 所示。

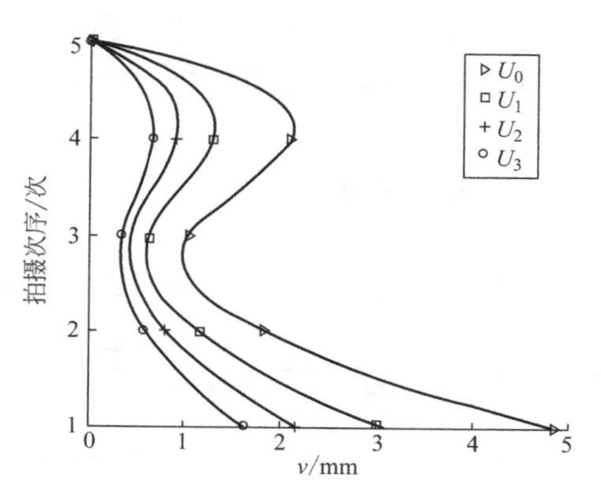

图 5-48　U0～U3 点的变形曲线图

根据变形走向图可知，洪园节制闸最大变形不超过 5mm，且在整个监测的过程中，节制闸处在弹性变形范围内，因此洪园节制闸是安全的。

通过以上五座桥梁变形结果图以及像素坐标变化可以看出，各变形点像素变化均在 100 个像素单位以内，点位位移在毫米级范围内无明显变化。由此可以得出结论，小清河菜园路桥、黄台码头桥以及凤凰山路桥等五座桥梁均达到了设计载重要求，满足了抗震性及稳定性要求。

5.8　高架桥梁动态变形监测

5.8.1　场地介绍

监测场地选取济南轨道交通 R1 线大学城站。R1 线是济南市第一条建成运营的地铁路线，纵贯济南市西部城区的一条南北向地铁线路，线路全长 26.1km，其中高架段 16.2km（图 5-49）、高架站 7 座。

图 5-49　济南 R1 线高架段

5.8.2　试验目的

通过数字摄影测量技术在高架桥梁进行动态变形监测试验，实现对于高架桥梁的瞬间、实时、多点监测，解决传统方法所难以实现的高架桥梁动态变形监测问题，为高架桥梁的安全施工运营提供数据支持。

5.8.3 仪器设备

试验中所用到的仪器设备如表 5-12 所示。

表 5-12 仪器设备

仪器	相机	相机脚架	全站仪	全站仪脚架	参考点脚架	钢尺
数量	1	1	1	1	2	1

5.8.4 试验过程

试验过程如下：

（1）在合适位置布设相机，选取变形点与参考点。参考点要布设在稳定的地方，参考点的位置在整个试验过程中不随施加的荷载而变化。参考点依次编号为 C0，C1，……。变形监测点应均匀分布在被监测物体上，以反映被监测物体的整体变形情况。变形点依次编号为 U0，U1，……。各点位布设如图 5-50 所示。

图 5-50 点位示意图

（2）使用全站仪量取相机及各点位的位置坐标。点位坐标量测结果如表 5-13 所示。

表 5-13　点位坐标

点位	X	Y
相机	2000.233	2000.151
C0	1998.932	2014.050
C1	1996.720	2014.152
C2	1998.932	2014.050
C3	1996.720	2014.152
U1	1991.437	2034.129
U2	1997.466	2033.732
U3	2003.492	2033.203
U4	2009.572	2032.242
U5	2014.954	2035.815
U6	1985.265	2037.185

(3) 当高架桥梁上没有列车通过时，可认为高架桥梁未受到外部的荷载冲击，没有震动变形，此时拍摄一张相片，称之为零相片。

(4) 在列车经过高架桥梁的过程中，会给高架桥梁一个突然的作用力，外荷载对桥梁做功。高架桥梁受到冲击荷载后，产生瞬间变形，此时使用数码相机的连续拍摄功能拍摄相片，称之为后续相片。此次试验共获取两组数据。

5.8.5　数据处理

图片格式转换：首先将高精度数码相机拍摄到的图片（*.jpg 格式）转换为数据解算软件所需要的格式（*.bmp 格式），进行数据的解算。这一步可以使用 ACDSEE 软件完成。首先介绍 ACDSEE 的图片转换方法：启动软件，单击“文件”→“打开”，导入需要转换格式的图片，如图 5-51 所示。

选择“批量转换文件格式”→“BMP Windows 位图”，格式转换过程结束之后，就得到了试验中想要的图片格式（*.bmp 格式），如图 5-52 所示。

影像数据处理：对于影像数据的处理，可通过工程结果变形数据处理软件（自行编制）进行。软件对于影像数据的处理可分为以下几步。

首先，将数码相机中的数据传输到计算机中，以 BMP 位图格式保存。然后运行 steel. exe 可执行文件，显示如图 5-53 所示界面。

图 5-51　导入需要转换格式的图片

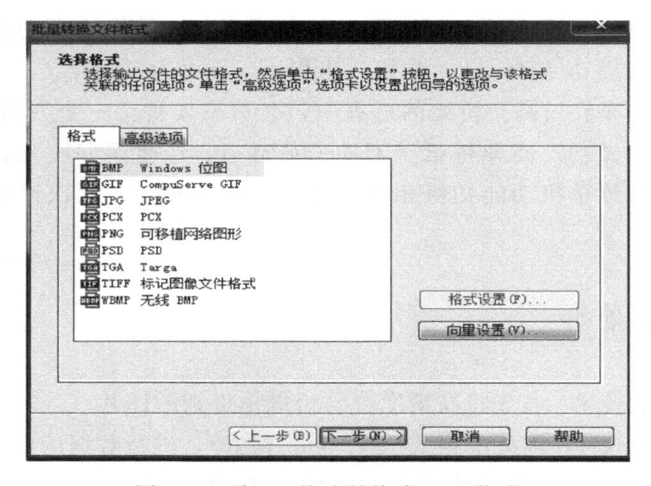

图 5-52　将 jpg 格式转换成 bmp 格式

然后，加载外业拍摄的照片，选择控制点或变形监测点坐标量测按钮，点击鼠标右键量测控制点或变形监测点在像坐标系下的坐标。点击鼠标左键是撤销上一步的操作，如图 5-54 所示。

接着，选择时间基线视差法进行数据的解算：建立解算数据组，加载零相片，如图 5-55 所示。

参考基线的输入之后，再依次加载拍摄照片，对不同时刻拍摄的照片输入不同的荷载，照片全部加载之后点击完成解算。

解算完成之后可从“解算结果”中查看解算得到变形曲形图。

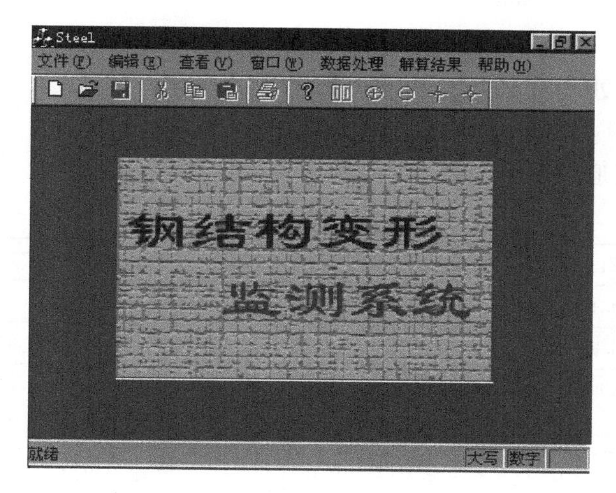

图 5-53　软件界面

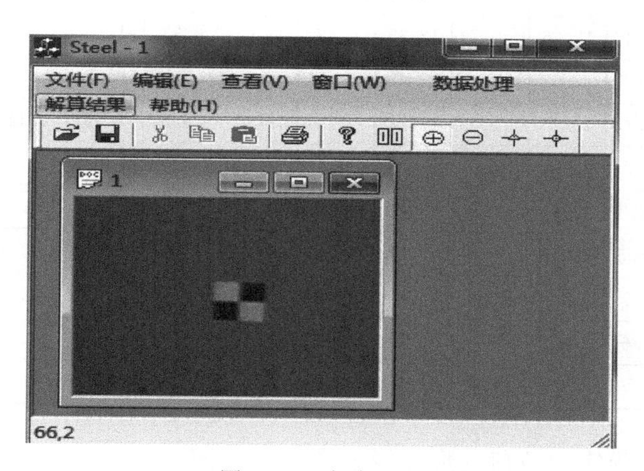

图 5-54　点位量测

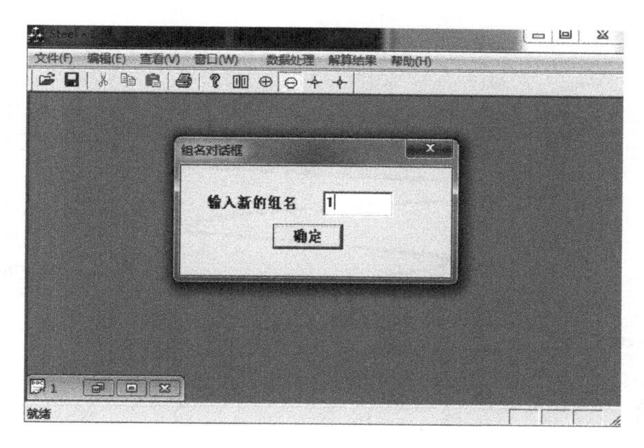

图 5-55　建立新解算组

5.8.6 数据处理结果及分析

各点的变形如表 5-14 所示。

表 5-14 变形点位移

片号	DX1	DZ1	DX2	DZ2	DX3	DZ3	DX4	DZ4	DX5	DZ5	DX6	DZ6
1	13.28	−19.43	13.03	−19.37	12.75	−19.27	13.11	−19.8	2.03	−1.25	1.6	−2.62
2	7.94	−26.24	7.13	−26.74	6.62	−25.75	7.13	−26.46	1.34	−1.85	0.81	−2.63
3	0	−4.85	−0.34	−4.65	−1.02	−3.75	−0.68	−4.23	0.34	−0.81	0	0.16
4	6.01	11.03	5.19	11.19	5.35	11.98	5.51	12.38	1.24	−0.59	0.61	2.2
5	18.74	5.33	18.35	4.93	18.2	6.19	18.71	6.07	2.57	−0.48	2.45	1.59
6	13.58	−6.22	12.99	−6.37	11.99	−4.8	13.38	−5.62	2.05	−1.08	1.57	−0.16
7	12.58	−1.19	12.66	−0.77	12.35	0.32	13.03	0.38	1.36	−1.05	1.85	0.95
8	13.22	−19.56	12.68	−19.81	12.42	−19.31	13.14	−19.45	0.52	−2.51	2.38	−1.42
9	18.61	−5.45	18.28	−5.99	18.22	−6.17	19.11	−6.33	1.02	0.14	2.7	−0.64
10	7.17	−1.21	6.35	−0.79	6.51	0.3	6.33	0.36	1.33	−1.39	1.08	1.29
11	13.28	−19.43	13.03	−19.37	12.75	−19.27	13.11	−19.8	2.03	−1.25	1.6	−2.62
12	12.57	−6.5	12.32	−6.35	12.02	−5.84	12.73	−6.7	2.02	−0.76	1.89	−0.87
13	1.31	−5.79	0.59	−6.32	0.9	−6.16	0.19	−6.32	1.43	−0.89	−0.22	−0.64
14	−5.81	−6.61	−6.35	−6.76	−6.5	−5.19	−5.99	−5.66	−0.57	−1.77	0.05	0.18
15	1.31	−5.79	0.59	−6.32	0.9	−6.16	0.19	−6.32	1.43	−0.89	−0.22	−0.64

高架桥梁受震动载荷变形曲线如图 5-56、图 5-57 所示。

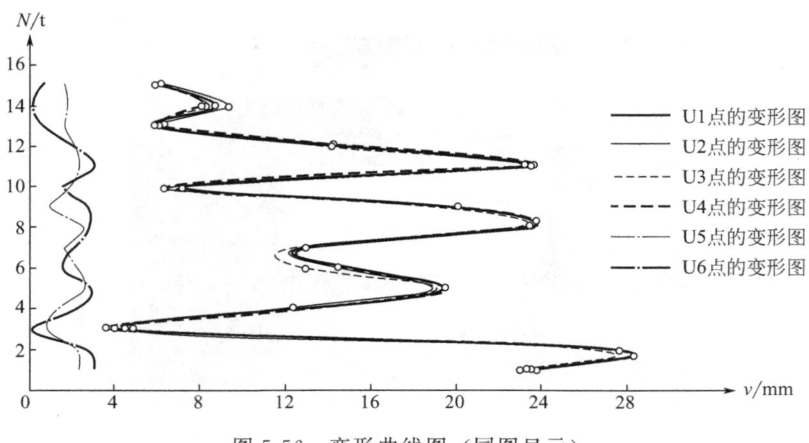

图 5-56 变形曲线图（同图显示）

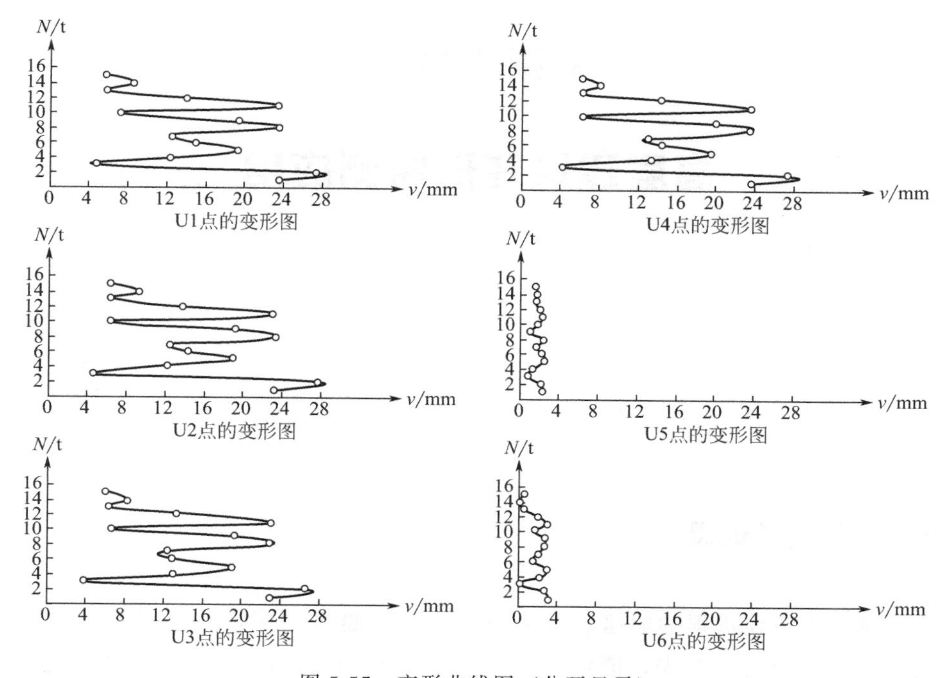

图 5-57　变形曲线图（分开显示）

从试验数据处理结果可知：

（1）由各个变形点的变形曲线可以看出变形点在受到震动之后发生了变形，高架桥梁上各点在变形后能够迅速恢复到变形之前的位置，其变形性质为弹性形变。

（2）U5、U6 位于桥墩上，其相对变形很小。U1、U2、U3、U4 位于高架桥的桥跨结构上，其变形区间相对于桥墩较大。

（3）经过对数据及变形曲线的分析可以看出，各个变形点发生变形的趋势大体一致，这表明组成桥梁的各个构件之间的连接是完好的。

第六章

高层建筑变形监测应用

6.1 高层建筑概述

随着城市化进程的加速，城市中高层建筑越来越多，它可以带来明显的社会经济效益：首先，能使人口集中，可利用建筑内部的竖向和横向交通缩短部门之间的联系距离，从而提高效率；其次，能使大面积建筑的用地大幅度缩小，有可能在城市中心地段选址；再次，可以减少市政建设投资和缩短建筑工期。但是高层建筑坍塌事故也频发，这一安全隐患逐步受到人民的重视。建筑物坍塌事故，除了极度恶劣的受力原因外，一定是一个长期积累的不稳定因素造成其内部结构不可复原所致，这样的微变形过程是很难被监测到的。如果能够获取这些建筑的瞬间变形数据，并对这些数据进行叠加比对，就可以清晰地分析建筑物是否处于健康状态。如果发现变形是过量或者不可恢复的不健康状态，就可以提前预防，这是非常有效的避免事故发生的方法。

高层建筑的起点高度或层数，各国规定不一，且多无绝对、严格的标准。在美国，24.6m 或 7 层以上视为高层建筑；在日本，31m 或 8 层及以上视为高层建筑；在英国，24.3m 以上视为高层建筑。我国在《建筑设计防火规范 GB50016—2014（2018 年版）》中规定，高层建筑是建筑高度大于 27m 的住宅建筑和建筑高度大于 24m 的非单层厂房、仓库和其他民用建筑。

世界各地典型高层建筑如下：

迪拜的哈利法塔自 2009 年建成以来，以 830m 的高度，一直保持着世界上最高建筑的称号（图 6-1）。哈利法塔上的观景台是迪拜游客最多的景点之一，这个名为 At The Top SKY 的观景台是世界上最高的观景台。

图 6-1　高 830m 的哈利法塔

上海中心大厦高 632m，是中国第一高楼（图 6-2）。大楼的 118 层和 119 层设有多层观景台，为世界第二高观景台。

图 6-2　高 632m 的上海中心大厦

麦加皇家钟楼高达 601m，共 120 层（图 6-3）。钟楼的 4 个侧面各有一个大钟，这个钟是目前世界上最大的钟。钟楼的最上层是一座博物馆，里面有一个室外观景台。

平安国际金融中心由于航空限高，迫使高度被限制在 600m 以下，顶部的尖顶被取消，最终以 599m 封顶（图 6-4）。

世界十大高楼中有六个在中国。建筑太高会产生许多安全隐患，中国已经严格限制 500m 以上高楼。位于深圳市的赛格大厦，是一座总建筑层 79 层，包括地上 75 层、地下 4 层的大楼。在 2021 年 5 月，连续 2 天发生晃

图 6-3 高 601m 的麦加皇家钟楼

图 6-4 高 599m 的平安国际金融中心

动，真是让人胆战心惊。

6.2 高层建筑主要破坏形式

（1）结构倒塌

结构倒塌是在地震中结构破坏最严重的形式。这种破坏形式通常发生在结构应力集中在结构薄弱层，导致部分结构被破坏，产生连锁反应，最终导致整体结构的失稳。这就要求设计师在设计过程中要对高层钢结构的强度进行均匀设计，避免结构薄弱层的产生。

1986年3月15日，新加坡的6层新世界酒店在不到60s时间内轰然倒塌（图6-5），50人被埋在碎石下，最后只有17人生还。这起事故是新加坡在第二次世界大战后发生的最严重灾难，倒塌原因是最初的设计上存在严重失误，建筑工程师在设计时完全忽视了整座大楼的静负荷，即大楼本身的重量。

图6-5 新加坡新世界酒店坍塌

（2）节点破坏

节点破坏是在地震中发生最频繁的一种破坏形式。这种形式通常发生在当应力集中在有施工缺陷或者设计问题的节点上，或者发生一个节点受力不均的现象，这样节点在地震中很容易被破坏，主要表现为：铆接断裂，焊接部位位脱，加劲板断型、屈曲，腹板断裂、屈曲，等等。

1968年5月16日，英国伦敦22层罗南角公寓楼的一角发生坍塌事故。事故原因是蛋糕装饰师引起煤气爆炸，撕裂了承重墙，上面的4层公寓失去支撑，发生坍塌，形成多米诺效应，压垮了下面的公寓，整个一角变成废墟（图6-6）。

（3）构件破坏

构件破坏的主要形式分为支撑破坏和梁柱破坏。当地震强度较大时，支撑承受反复拉压的轴向力作用，一旦压力超出支撑的屈曲临界力时，就会出现破坏或失稳。对于框架柱，主要有翼缘屈曲、翼缝撕裂，甚至框架柱会出现水平裂缝或断裂破坏。对于框架梁，主要有翼缘屈曲、腹板屈曲和开裂、扭转屈曲等破坏形态。

2001年9月11日，纽约世贸中心双子塔因遭到飞机撞击轰然倒塌（图6-7），成为历史上最严重的一起高楼坍塌事故。

图 6-6 英国伦敦公寓楼倒塌

图 6-7 纽约双子塔倒塌

（4）基础锚固破坏

基础锚固破坏主要与结构设计、结构构造、施工质量、材料质量、日常维护等有关。如果建筑施工流程不当，产生缺漏或者违规操作，这样虽然从建筑的外表看不出来，但是一旦遇到地震，就会产生柱脚处的地脚螺栓脱开、混凝土破碎的情况，导致锚固失效、连接板断裂等现象，这就要求高层钢结构的抗震设计必须严格遵循有关规程进行。

上海某楼房倒塌原因是楼房北侧在短期内堆土高达 10m，南侧正在开挖 4.6m 深的地下车库基坑，两侧压力差导致土体产生水平位移，过大的水平力超过了桩基的抗侧能力，导致房屋倾倒（图 6-8）。高层建筑上部结构的重力对基础底面积形心的力矩随着倾斜的不断扩大而增加，最后使得高

图 6-8 上海某楼房倒塌事故

层建筑上部结构向南迅速倒塌至地。这个过程是逐步发生的，是可以监测得到的，高层建筑是在倾斜到一定数值时才会突然倾倒。

6.3 试验现场及监测方法

6.3.1 试验现场简介

济南市汉峪金谷项目总占地 1200 亩[1]，规划建筑总面积 410 万平方米，分布 39 座高层与超高层建筑和一座 339m 的地标性超高层建筑。A5-3＃楼是汉峪金谷金融商务中心主楼，位于济南东部汉峪片区，是集星级酒店、写字楼、餐饮娱乐等配套功能齐全的超高层城市综合体，处于整个汉峪金融商务中心项目的中心。该工程总建筑面积 25.38 万平方米，建筑高度 339m，抗震烈度为 8 级，其中地下 5 层，地上 69 层，结构形式为框架核心筒结构，基础形式为筏板基础，底板厚度 2.6m，局部厚 5.4m。50 层以下为高档办公区域，50 层以上为高端商务酒店。

这座楼周围也是高楼林立，所以近距离布置相机采集高楼顶部变形影像的可能性较小。经过几天周边调研及协调，最后我们选择的拍摄地点是附近一座海拔不到 200m 的小山丘，有一处人造水泥平地，正好适合布置相机及参考标志点，如图 6-9 所示。

[1] 1 亩≈666.7 平方米。

图 6-9 济南市汉峪金谷主楼

6.3.2 仪器设备

监测中所用到的仪器设备如表 6-1 所示。

表 6-1 仪器设备

仪器	相机	相机脚架	全站仪	全站仪脚架	参考点脚架	钢尺
数量	2	2	1	1	2	1

6.3.3 点位布设及坐标量测

根据摄影测量技术，采用普通高清数码相机对高层建筑进行变形监测数据采集。为了保证测量过程中内外方位元素稳定不变，用三脚架固定相机，并确保监测对象在影像的中心位置。

根据试验现场地理环境布设监测现场，在距离相机 4.1m 处布设参考平面，并保持参考平面与被监测物平面平行，摄影光束与物平面垂直。选取参考平面上参考点 C0、C1、C2、C3、C4。由于施工过程中不易靠，所以在变形体上并不张贴变形点，而是在影像上选取明显标志 U0、U1、U2、U3 作为变形监测点。

各点位示意图如图 6-10 所示。图中，C0-C1 间隔为 614mm，C2-C3 间隔为 628mm。

摄影中心距离参考平面 4m，摄影中心距离被监测平面 737m。

图 6-10 变形点及参考点示意图

6.3.4 监测过程

监测开始后，首先拍摄一张零相片，作为后继像片的参考，之后每 3s 进行一次拍摄，得到一组影像序列进行数据对比。本次试验共拍摄 15 张照片。

6.3.5 监测原理改进

由于对这座楼的监测距离较远，虽然对现阶段高清数码相机来说，这个距离完全可以达到精度要求，但是参考点的布置及变形点的选取是个困难。为了解决这个问题，我们改进了试验原理，我们采用图像匹配-时间基线视差法，通过在距离相机不远处布设稳定的参考点形成与摄影方向垂直的参考面，在数据解算时以参考面上的同名点为基准，将后继相片与零相片进行匹配，进而消除由于外界因素产生的视差。

在图 6-11 中参考平面任选 6 个参考点：$(x_0, z_0, P_{x0}, P_{z0})$，$(x_1, z_1, P_{x1}, P_{z1})$，…，$(x_5, z_5, P_{x5}, P_{z5})$，分别为参考点 C0、C1、C2、C3、C4、C5 的像平面坐标和像平面视差值。建立参考点平均像平面：

$$\begin{cases} P_x = a_x x + b_x z + c \\ P_z = a_z x + b_z z + d \end{cases} \tag{6-1}$$

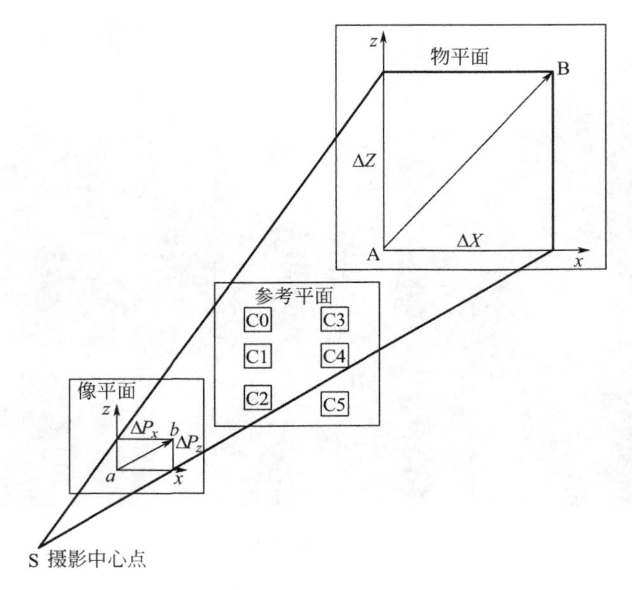

图 6-11 基于摄影比例尺变换的时间基线视差法

式中，(P_x，P_z) 为参考点在平均像平面 x 方向、z 方向的视差值；(a_x，b_x) 分别为 x 方向的视差系数；(a_z，b_z) 为 z 方向的视差系数；(x，z) 为参考点在平均像平面坐标系中的像平面坐标；(c，d) 分别为 x 和 z 方向的视差固定系数。

根据求得的参考点平均像平面的视差值改正被监测点在像平面上的水平和竖直位移，从而得到改正后的位移值：

$$\begin{cases}\Delta P'_x=\Delta P_x-P_x\\ \Delta P'_z=\Delta P_z-P_z\end{cases} \tag{6-2}$$

根据摄影比例尺 M，得到基于参考面的被监测点的变形值：

$$\begin{cases}\Delta X=\dfrac{S_{\mathrm{A}}}{S_{\mathrm{a}}}\Delta P'_x=M\Delta P'_x\\ \Delta Z=\dfrac{S_{\mathrm{A}}}{S_{\mathrm{a}}}\Delta P'_z=M\Delta P'_z\end{cases} \tag{6-3}$$

式中，S_{A} 代表物平面；S_{a} 代表像平面。

最后得到被监测点的实际变形值：

$$\begin{cases}\Delta X_i=\Delta i_{\mathrm{s}}\Delta X\\ \Delta Z_i=\Delta i_{\mathrm{s}}\Delta Z\end{cases} \tag{6-4}$$

式中，Δi_{s} 为摄影比例变换系数，$i=1$，2，…，n。

6.3.6　信息系统工作流程图改进

在进行数据采集之前，改进了该信息系统的工作流程，将现场考察及前期方案设定也融入信息系统操作流程中。改进的方案如下：

① 现场勘查：对建筑现场进行调查，确定建筑结构、年限、负载、当地地形等基本信息。

② 监测点位选择：根据桥梁、建筑物的建筑结构，以及结构力学等原理，对重要点位进行监测；对易劳损、受力较大点位进行监测；对其他要求点位进行监测。

③ 相机布置与纠偏：对一点或多点进行多方位数字相机布置，并在使用前对相机进行纠偏，消除畸变差影响。这一举措解决了数字相机没有内外坐标的难题，使数字相机应用于变形监测成为可能。

④ 数据采集：用多部数字相机对桥梁、建筑物进行多角度、全方位数据采集，从数据源头形成大数据，确保监测数据结果位于正态分布置信区间内。

⑤ 计算机软件分析：数字相机的优点在于可以传递数字信号，将采集到的照片以数字信号的形式传递到计算机。通过自主研发的计算机成像分析软件对大量数据主要进行内容处理和计算变形值。

处理内容包括：位图格式转换；读取参考点像素位置数据；读取变形点像素位置数据；计算参考点数目；计算变形点数目；计算相片尺度系数。

计算变形值的步骤为：坐标中心化，确定中心化后的参考点像素坐标；分别计算参考点视察的改正系数；求变形点的中心化坐标；求变形点视察改正值；求变形点改正后的视差值。

⑥ 现场出具分析报告：对监测结果进行分析。整个解算过程最快一分钟内完成，实现了内外业作业一体化，监测效率和精度大大提高。

改进后的信息系统工作流程如图 6-12 所示。

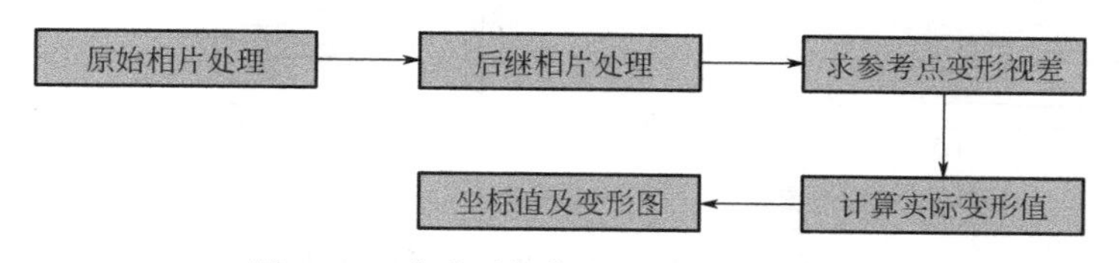

图 6-12　改进后的信息系统的工作流程

6.3.7 数据处理过程

首先，将数码相机中的数据传输到计算机中，批量转换为 BMP 格式，运行 steel.exe 可执行文件。

然后，加载外业采集照片，选择控制点或变形监测点坐标量测按钮，点击鼠标右键量测控制点或变形监测点在像点坐标系下的坐标，点击鼠标左键撤销上一步的操作。选择时间基线视差法进行数据的解算，建立解算数据组，加载零相片。

接着，输入参考基线的长度和基线的起点编号、终点编号。参考基线至少输入两条，单位保留到毫米。

参考基线输入之后，再依次加载拍摄照片，对不同时刻拍摄的照片输入不同的荷载，照片全部加载之后点击完成解算。

6.3.8 数据处理结果与分析

各点的变形值就不再罗列，可根据前述表中的数据绘制钢结构货架荷载-挠度曲线图（其中 $v=\sqrt{DZ^2+DX^2}$）。变形曲线图如图 6-13 所示。

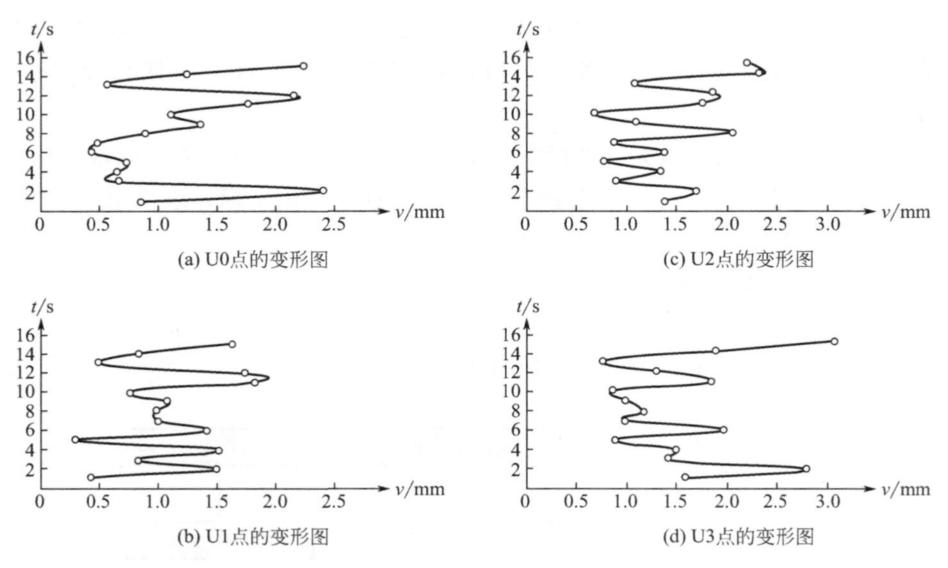

图 6-13　U0～U3 点的变形曲线图

根据高层建筑监测系统软件计算出的位移改正文件，可以得出每一个变形点的变形值。根据摄影中心与参考平面及监测对象的距离关系计算出摄影比例系数 A 为 180，根据摄影比例系数可以计算出每个变形点的瞬间变形量。变形较大的点为 U0、U1、U3 点，变形比较小的点是 U2 点。U3 点处于建筑的第 65 层，此时建筑正在封顶，塔基在顶层处于运作状态，塔基工作也是 U3 点处变形较大的原因之一；U0 和 U1 点之间间隔距离比较近，因为高层建筑属于中心筒结构，监测时中心筒外围钢框架正在搭建，建设过程中梁柱的搭建以及结构的填充提高了结构整体的受力性能，同时使得中心筒受横向剪切力增大，所以此时 U0 和 U1 点的变形比较大；U2 点处在建筑的中间部位，建筑外围钢结构搭建对其产生的外力相对 U0、U1、U3 点来说较少，所以 U2 点的变形量相对减小。

这次对济南第一高楼的动态安全监测，将在实验室设计及制作的建筑物安全监测信息系统用于实际建筑中，在自然状态下，克服现场各种自然及人为干扰进行实时监测。这次监测为后续进行更多类型建筑的现场使用提供了宝贵经验。

第七章

不规则建筑结构变形监测应用

7.1　不规则建筑结构简介

不规则建筑是指背离传统建筑空间构成法则，外表和空间构成不规则的建筑，如图 7-1 所示。人们往往用“异形”“另类”“新奇”等词来形容这类建筑。在当今各类国际建筑设计竞赛中，许多建筑方案都因“不规则”而形成特色，它反映了一种时尚。

在建筑中，混沌、奇怪吸引子、分形等非线性系统的引入，将建筑师的视线从规则建筑中释放出来，投入到与自然更接近的形态创作中。同时，信息时代人们多元选择的需求，不再要求建筑就是规矩的形体。数字化技术在建筑的运用，使非线性、扭曲面等很多难以计算和分析的问题都得以解决，空间也不必受形体的约束；虚拟现实技术的发展，为建筑师的想像

图 7-1　各种各样不规则建筑

力提供了更强大的技术支持。另一方面，新材料的出现，使建筑师可以随心所欲地设计任何形式的形状和空间，而旅游经济的刺激和对城市标志性建筑的追求，对不规则建筑的繁盛起到了推波助澜的作用。

7.2　不规则建筑变形监测的必要性

不规则建筑往往形状奇特，结构及外形不具有普遍性，所以对建筑材料及施工要求就更高，而在地面晃动时或者出现大风等不可控外力时候，不规则建筑很容易产生扭动，使得建筑不同位置产生的应力差别很大，容易造成安全事故。本书介绍的变形监测信息系统在不规则建筑变形监测领域做了一系列尝试，除了再次验证该套系统的有效性外，在不规则建筑变形监测方面也积累了一定实践经验。

7.3 货架变形监测试验

7.3.1 货架简介

近年来，随着国内物流行业的兴起和蓬勃发展，自动化立体仓库越来越受到物流仓储企业的重视。货架作为立体仓库的重要组成部分，其设计质量直接影响着立体仓库的性能和制造成本。以往针对货架的某一部分单元或某一部分属性的局部性研究显现出一定的局限性，而且其研究的手段多基于有限元的简化分析方法，通过手工编制程序来求解，这会受到个人水平及应用环境等外界因素的限制，同时限制了其研究成果的应用和普及。

由于超大型物流货架系统的结构庞大，单元数众多，单元截面属性各异，且单元的空间排布错综复杂，要全面、准确地进行货架系统强度、刚度、屈曲稳定性、固有频率特性、相应频率下振型以及强烈地震作用下货架的抗震性能等研究是非常困难的，这也日益成为物流货架系统制造厂家的难题。仓储货架的作用主要有：①立体结构的货架可充分利用仓库空间，提高仓库容量利用率，扩大仓库储存能力；②货物存取方便，可做到先进先出，百分之百的挑选能力，流畅的库存周转；③仓库货架中的货物一目了然，便于清点、划分、计量等重要的管理工作；④满足大批量货物、品种繁多的存储与集中管理需要，配合机械搬运工具，同样能做到存储与搬运工作秩序井然；⑤存入货架中的货物，互不挤压，物资损耗小，可完整保证物资本身的功能，减免货物在储存环节中可能的损失；⑥保证存储货物的质量，可以采取防潮、防尘、防盗、防破坏等措施，以提高物资存储质量；⑦满足现代化企业低成本、低损耗、高效率的物流供应链的管理需要；⑧承重力大、不易变形、连接可靠、拆装容易，多样化，全部货架的表面均经酸洗、磷化、静电喷涂等工序处理，防腐、防锈；⑨很多新型货架的结构及功能有利于实现仓库的机械化及自动化管理。由此可见，仓储货架对现代工业的发展起到巨大的作用，随着现代工业文明的发展，仓储货架的结构与功能也在不断地提高。

7.3.2 钢结构货架系统的静力性能研究

货架系统是以承载为主要作用的轻型钢框架结构，其在静载工况下力学性能的好坏成为衡量结构设计质量的首要指标。传统的分析机械结构强度、刚度的方法是对简单的单个构件进行有限元分析，以及部分采用对机构进行加载，通过应力及位移传感器获得相应的应力和位移量，从而可以计算出结构的刚度值。对于某些大型物流货架系统，由于结构庞大，众多单元的截面形状及尺寸各不相同，要全面准确地分析货架系统的静力性能，尚有很多困难。本书以某公司大型物流钢结构货架系统为例，借助有限元分析方法，实现货架系统的建模以及静态载荷下的静力性能分析。

7.3.3　试验前器材准备

试验所需器材有：三台经过校正的数码相机及支架、笔记本电脑、沙子、绳子、沙袋、水平测角仪、定滑轮以及米尺、试验计数板（用于在照片中表示试验的次数和顺序）、变形点标志、参考点标志。

货架：选取大型仓库的货架，如图 7-2 所示。这种货架的底部使用螺栓固定，而且四周用角铁支架固定，不会出现水平方向的位移和竖直方向的整体位移，符合试验要求。

图 7-2　钢结构货架

7.3.4　试验现场准备

根据货架的结构特点，竖直撞击点选在了左边第三和第四排支架的中间，并在货架上面钢架中间放置一个滑轮，方便起吊沙袋。为了不对货架造成破坏，在货架底部放置了纸箱。在撞击点两边选了三个支架进行变形观测，每根支架上放置了五个变形点，从右到左、从上到下进行了编号：U0～U4，U5～U9，U10～U14；货架旁边临时放置了两排物品箱，并在上面选了六个参考点，左边从上到下分别为C0、C1、C2，右边从上到下分别为C3、C4、C5。试验中，对所有参考点采用了3.5cm×3.5cm方形标志，对变形点采用3cm×3cm的圆形标志。

变形点和参考点的标志粘贴完以后要用米尺量取参考点两两之间变形点、两两之间的距离，并估读到毫米（变形点和参考点间距见表7-1和表7-2）。试验一共放置了三台数码相机，其中两台是正对货架，另一台从右侧对货架进行观测。数码相机放置好后，要量出货架到相机的垂直距离。

表7-1 参考点点位间距

第一次试验参考点间距		第二次试验参考点间距	
参考点点位	间距/mm	参考点点位	间距/mm
C0-C1	250.5	C0-C3	1849.0
C1-C2	265.0	C1-C4	1850.0
C3-C4	276.5	C0-C5	1939.0
C4-C5	276.5	C2-C3	1922.0
C0-C3	1859.0	C2-C5	1856.0
C1-C4	1861.0		
C2-C4	1877.0		

表7-2 变形点点位间距

第一次试验变形点间距		第二次试验变形点间距	
变形点点位	间距/mm	变形点点位	间距/mm
U0-U1	200.2	U0-U1	200.2
U1-U2	296.1	U1-U2	296.1
U2-U3	400.9	U2-U3	400.9
U3-U4	399.5	U3-U4	399.5
U5-U6	247.5	U5-U6	247.5
U6-U7	253.4	U6-U7	253.4
U7-U8	500.1	U7-U8	500.1
U8-U9	346.5	U8-U9	346.5
U10-U11	198.1	U10-U11	198.1
U11-U12	300.9	U11-U12	300.9
U12-U13	498.5	U12-U13	498.5
U13-U14	301.5	U13-U14	301.5
		U15-U16	248.0
		U16-U17	345.0
		U17-U18	451.1

7.3.5　试验过程

试验分为两个过程：竖直撞击试验及水平撞击试验。

（1）竖直撞击试验

在左边第三和第四排支架的中间，利用定滑轮吊起不同重量的沙袋，从不同竖直高度落下，并在冲击瞬间拍照，竖直撞击部位如图7-3所示。在进行竖直撞击试验前，要对钢货架拍零相片，作为变形点变形的基准，时间基线视差法不能求得变形点的绝对量，只能求其相对变化量，即以零相片为基准，后继相片与零相片相比较，求得的差值作为变形值。

图7-3　竖直撞击点布置图

首先用重5kg的沙袋对钢货架进行竖直撞击，按照沙袋下落的高度分别进行三次试验，高度分别为：1.2m、1.62m、2.1m。三台数码相机分别从不同角度在沙袋撞击钢货架的瞬间对钢货架进行拍照。然后，用10kg、15kg、20kg的沙袋按照1.2m、1.62m、2.1m进行三次撞击试验，第一次试验一共拍摄了13张照片。

第一次试验做完后，我们现场对其中两台相机共26张照片进行了处理，并得到了数据结果分析图。

（2）水平撞击试验

从左侧面对钢货架进行水平撞击试验，撞击部位如图7-4所示。

在最左边的支架上增加了四个变形点，从上到下分别编为U15～U18，并测量相邻变形点间的距离。水平撞击试验选择的是重10kg的沙袋对钢货架进行撞击试验，绳的上端固定在钢货架上面的横梁上，下端系在沙袋上，同时测量出绳上端固定点到沙袋中点的长度L。根据绳和钢支架之间的夹角

图 7-4 水平撞击点布置图

大小进行 5 次试验，角度分别为：15°、25°、35°、45°、55°。第二次试验共拍摄了 6 张照片。

7.3.6 试验原理分析

（1）竖直撞击试验原理分析

竖直撞击试验设计示意图如图 7-5 所示。

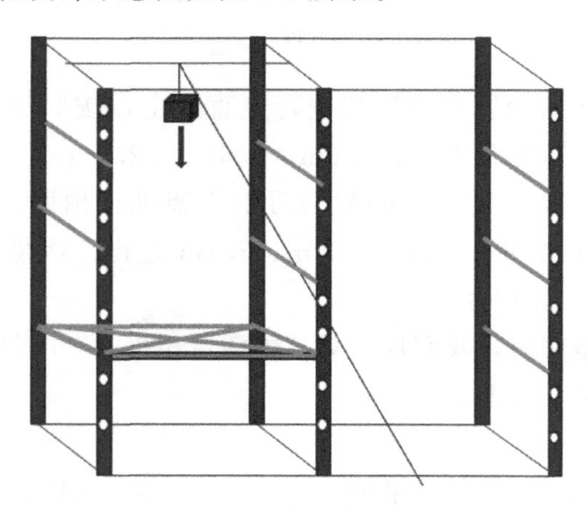

图 7-5 试验设计示意图

沙袋从高度 h 处以初速度 0 自由下落，根据能量守恒定律确定沙袋撞击钢货架时的瞬时速度 v，沙袋质量为 m，重力加速度为 g，沙袋撞击货架的时间为 t，由公式

$$mgh = \frac{1}{2}mv^2 \tag{7-1}$$

可以推出：

$$v = \sqrt{2gh} \tag{7-2}$$

再利用公式

$$Ft = mv \tag{7-3}$$

得到沙袋撞击货架的冲击力为：

$$F = \frac{mv}{t} = \frac{m\sqrt{2gh}}{t} \tag{7-4}$$

竖直撞击试验数据如图 7-6 所示。

H16　fx

	A	B	C	D	E	F	G
1	竖直冲击力						
2	次数	质量 m/kg	高度 h/m	动能 mgh	动量 mv	F	
3						T=0.05	T=0.1
4	1	5	1.2	58.8	121.2436	2424.8711	1212.43557
5	2	5	1.62	79.38	28.1745	563.4891	281.744565
6	3	5	2.1	102.9	32.0780	641.5606	320.780299
7	4	10	1.2	117.6	48.4974	969.9485	484.974226
8	5	10	1.62	158.76	56.3489	1126.9783	563.48913
9	6	10	2.1	205.8	64.1561	1283.1212	641.560597
10	7	15	1.2	176.4	72.7461	1454.9227	727.461339
11	8	15	1.62	238.14	84.5234	1690.4674	845.233695
12	9	15	1.86	273.42	90.5682	1811.3641	905.682063
13	10	20	1.2	235.2	96.9948	1939.8969	969.948452
14	11	20	1.62	317.52	112.6978	2253.9565	1126.97826
15	12	20	1.86	364.56	120.7576	2415.1522	1207.57608

图 7-6　竖直撞击试验数据

（2）水平撞击试验原理分析

沙袋以初速度为零做圆周运动，根据能量守恒定律确定沙袋撞击钢货架时的瞬时速度 v，沙袋质量为 m，沙袋转动半径为 l，重力加速度为 g，沙袋撞击货架的时间为 t，由公式

$$mgl - mgl\cos\theta = \frac{1}{2}mv^2 \tag{7-5}$$

可以推出：

$$v = \sqrt{2gl - 2gl\cos\theta} \tag{7-6}$$

从而得到沙袋撞击货架的冲击力为：

$$F = \frac{mv}{t} = \frac{m\sqrt{2gl - 2gl\cos\theta}}{t} \tag{7-7}$$

水平撞击试验数据如图 7-7 所示。

G18 ▾ f_x

	A	B	C	D	E	F
16						
17	水平冲击力					
18	次数	质量 m/kg	角度	动量 mv	F	
19					T=0.05	T=0.1
20	1	10	15	10.7248	214.4966	1072.48288
21	2	10	25	17.7841	177.8409	1778.40919
22	3	10	35	24.7081	247.0814	2470.81444
23	4	10	45	31.4443	314.4434	3144.43436
24	5	10	55	37.9415	379.4147	3794.14747

图 7-7 水平撞击试验数据

7.3.7 试验结果及分析

第一次试验结果如图 7-8～图 7-10 所示。

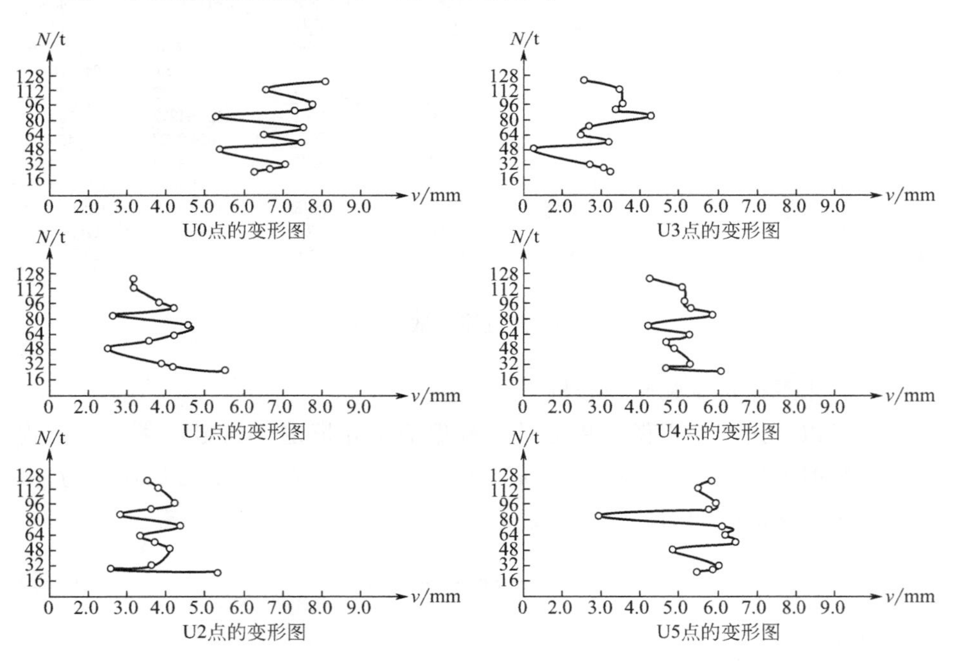

图 7-8 U0～U5 点变形曲线图

第二次试验结果如图 7-11～图 7-13 所示。

竖直方向，从变形点位的布置和各个点的变形图来看，钢货架在弹性限度内发生变形，各变形点始终围绕着中心左右摆动，证明在竖直方向的撞

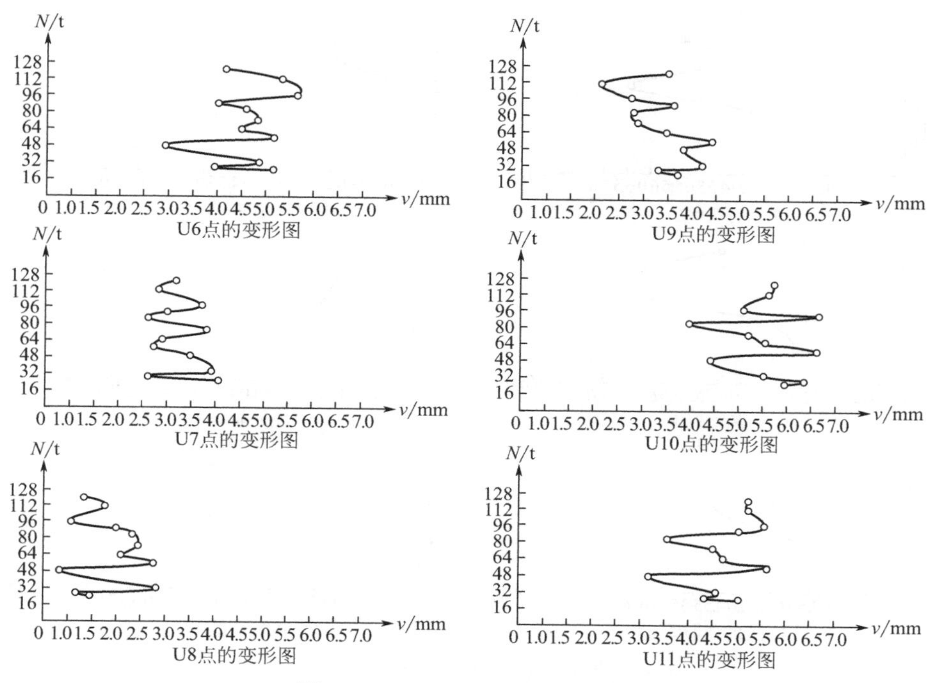

图 7-9 U6～U11 点变形曲线图

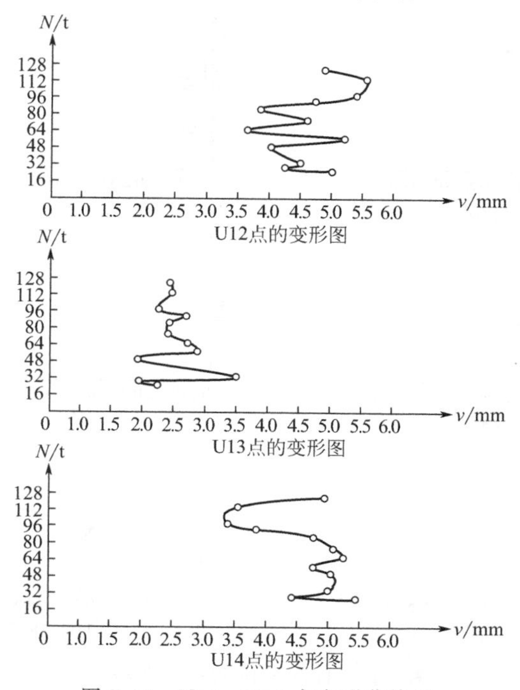

图 7-10 U12～U14 点变形曲线图

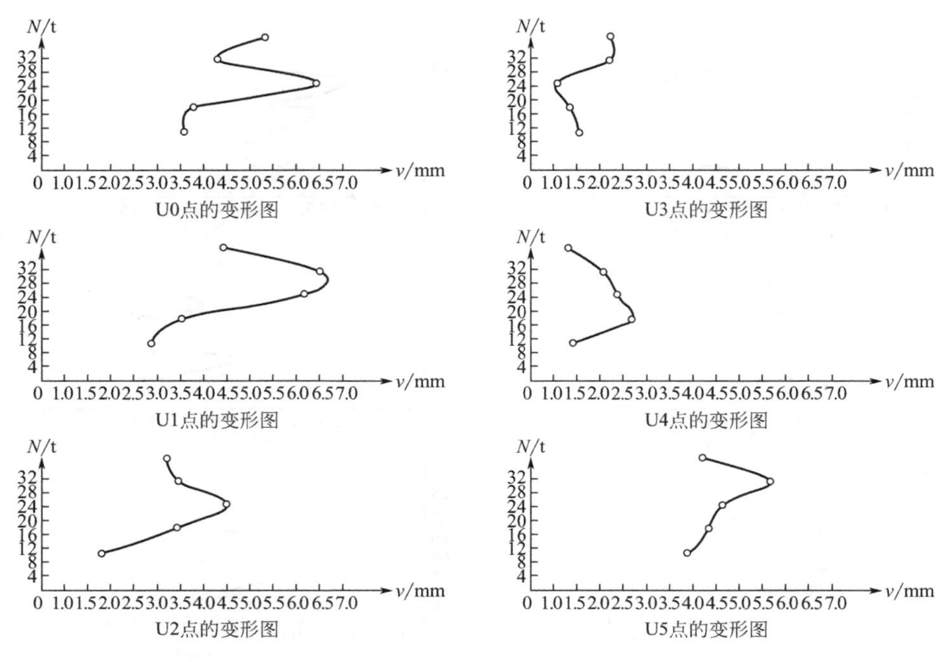

图 7-11 U0～U5 点变形曲线图

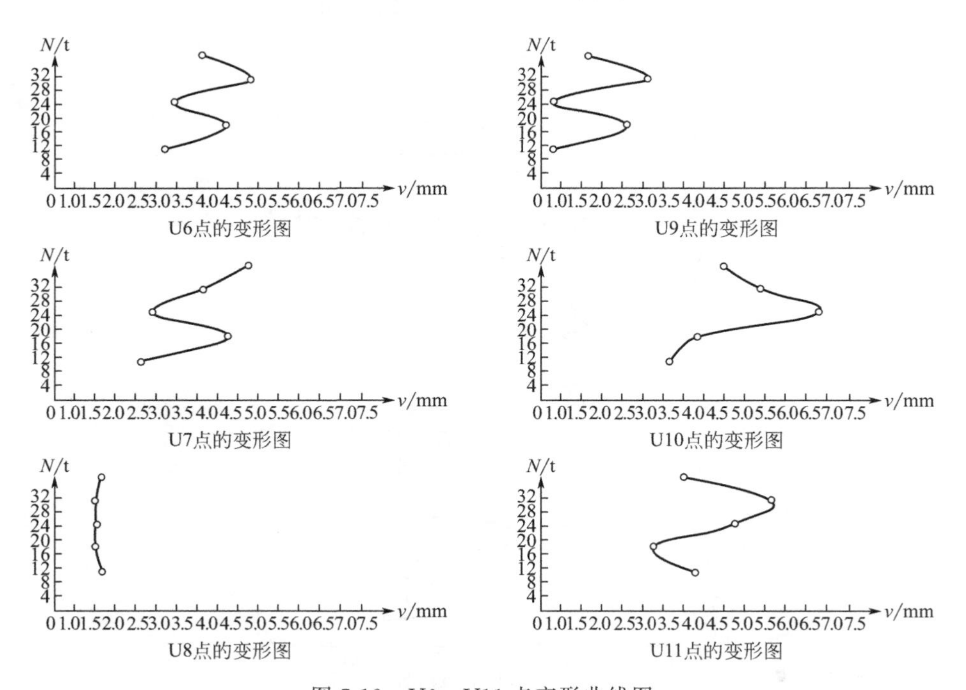

图 7-12 U6～U11 点变形曲线图

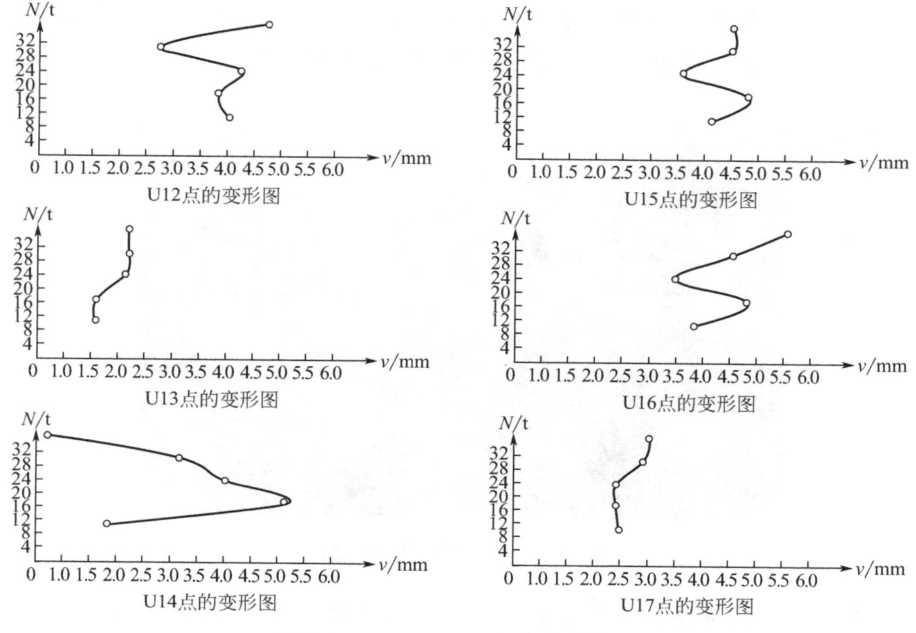

图 7-13 U12～U17 点变形曲线图

击试验中，货架整体在试验过程中虽有变形，但是最终回到原位置，符合试验的设计要求。

水平方向撞击的各个点的变动和竖直方向的特性一样，同样围绕着中心，说明货架很稳定。

总体来说，在试验的冲击中，货架本身没有发生破坏，结构很稳定，能够在较大震动中保证物品的安全和稳定。

7.4 济南奥体中心（游泳馆）监测试验

7.4.1 试验地点

济南奥体中心是第十一届全国运动会的主会场，总占地面积 81 万平方米，总建筑面积约 35 万平方米，包括一场二馆，总体布局呈“东荷西柳”，6 万人体育场在西边，呈“柳叶”造型；体育馆、网球中心、游泳馆在东边，呈“荷花”造型，分别取自济南的市树和市花，见图 7-14。东区的场馆布局紧凑，以圆形体育馆为中心，游泳馆、网球中心以两组对称的 T 型体育馆形成环抱，与西场区的体育场实现了空间及体量上的双轴对称。同时，整个体育中心和场地南侧的政务中心形成“三足鼎立”稳定格局，其功能上满足全国运动会和世界单项体育赛事的要求，设计上成为具有浓郁地方文化特色的标志性建筑，赛后成为济南的城市标志广场。

图 7-14 济南奥体中心鸟瞰图

奥体中心游泳馆位于奥体中心主体育馆以西，占地面积 2.1 万平方米，地下 1 层，地上 3 层，局部 4 层，建筑面积 4. 7 万平方米，观众座席 4000 个，如图 7-15 所示。

游泳馆比赛大厅屋盖采用管衔架体系，最大跨度 90m；训练厅屋盖采用工字钢梁体系，最大跨度 25m。屋盖上部钢结构由北向南渐低，标高最高点为 30m，最低点为 20m，支承在下部混凝土结构框架柱、基础或型钢混凝土柱上。墙面采用空间折板结构。比赛大厅钢管衔架、墙面空间折板钢管柱等大量的钢管采用管管相贯焊接，结构形式多样，连接节点复杂，安装精度要求高。游泳馆钢结构平面布置图如图 7-16 所示。

图 7-15 济南奥体中心（游泳馆）

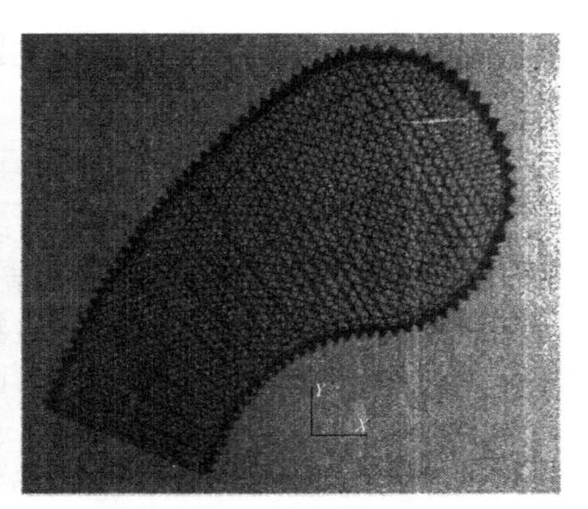

图 7-16 游泳馆钢结构平面布置图

大型体育场馆人流密集，屋盖钢结构跨度大、受力复杂，为确保其使用安全，进行动态变形监测是非常重要的。本次试验对济南奥体中心游泳馆的折板型钢结构外罩进行动态变形监测。

7.4.2 仪器设备

试验所需仪器设备见表 7-3。

表 7-3 仪器设备清单

仪器	相机	相机脚架	全站仪	全站仪脚架	参考点脚架	钢尺	手机	手机脚架
数量	2	2	1	1	2	1	2	2

7.4.3 点位布设及坐标量测

（1）参考点的布设

参考点要布设在稳定的地方，相对于变形监测点是固定不动的。参考点的位置在整个试验过程中不随施加荷载的变化而变化，能达到试验的要求。参考点依次编号为 C0，C1，……。

（2）变形监测点的布设

变形监测点应均匀分布在被监测物体上，以反映被监测物体的整体变形情况。变形点依次编号为 U0，U1，……。

（3）摄影仪器的布设

根据前期踏勘情况选取监测站位置，摄影仪器所摄范围要能准确观测到所有监测点位。放置两台数码相机监测被监测物体的动态变形情况。

各点坐标量测结果如表 7-4 所示。

表 7-4 各点坐标

变形点	x	y	z	参考点	x	y	z
U0	−54.256	60.592	19.423	C0	−3.739	1.312	0.608
U1	−58.400	56.700	19.269	C1	−4.678	0.822	0.570
U2	−63.242	52.820	18.926	C2	−3.695	1.319	0.458
U3	−68.289	49.747	17.439	C3	−4.624	0.808	0.367
U4	−56.271	62.707	2.944				
U5	−60.143	58.461	2.909				
U6	−64.699	55.099	2.966				
U7	−69.574	51.974	2.966				

各点位示意图如图 7-17 所示。

图 7-17　变形点及参考点示意图

7.4.4　监测过程

第一步：在风力微小时，被监测物体受风荷载影响便小，使用智能手机拍摄第一张照片，作为零相片。

第二步：在风力影响下，产生瞬间变形，此时使用智能手机的连续拍摄功能拍摄照片，作为后续相片。

7.4.5　数据处理过程

首先将智能手机中的照片传输到计算机中，以 BMP 位图格式保存。然后运行 steel. exe 可对图片进行处理。

加载外业拍摄的照片，选择控制点或变形监测点坐标量测按钮，点击鼠标右键量测控制点或变形监测点在像坐标系下的坐标。点击鼠标左键可撤销上一步的操作。

首先，选择时间基线视差法进行数据的解算：建立解算数据组，加载零相片。

然后，输入参考基线的长度和基线的起点编号、终点编号。

接着，依次加载拍摄照片，对不同时刻拍摄的照片输入不同的荷载，照片全部加载之后点击完成解算。

7.4.6 数据处理结果与分析

各点的变形值不再罗列。根据前述表中的数据绘制钢结构货架荷载-挠度曲线图（其中 $v=\sqrt{DZ^2+DX^2}$）。变形曲线图如图 7-18～图 7-20 所示。

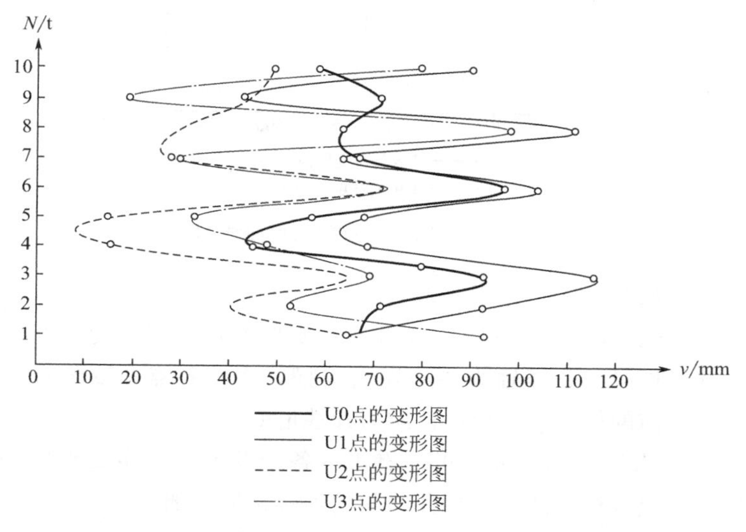

图 7-18 U0～U3 点的变形曲线图

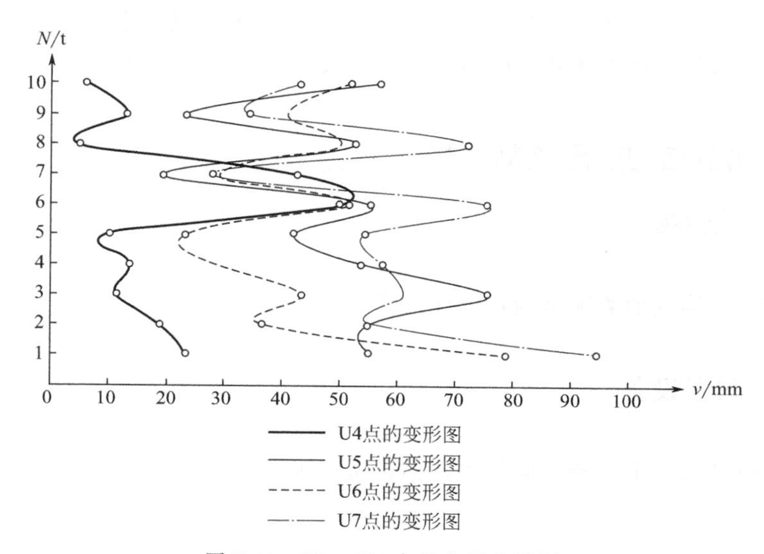

图 7-19 U4～U7 点的变形曲线图

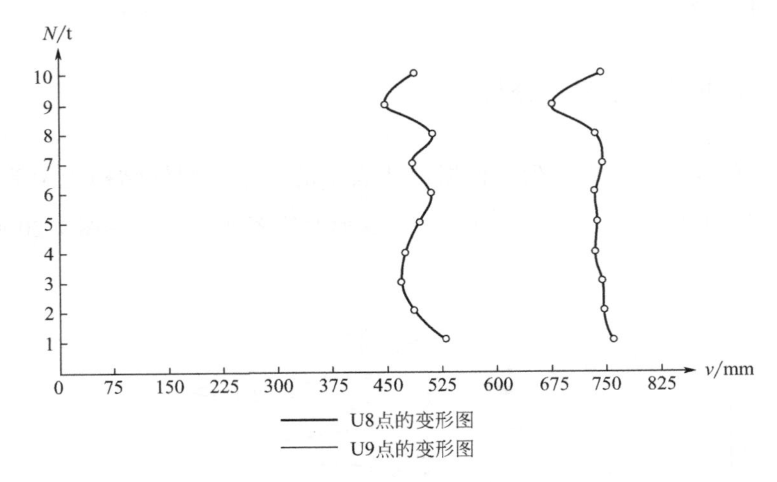

图 7-20　U8、U9 点的变形曲线图

结果分析如下：

① 由各个变形点的变形图可以看出，变形点在受到风力荷载之后发生了变形，其变形以一条竖轴为中心左右摇摆，表明各点在变形后能够迅速恢复到变形之前的位置，其变形性质为弹性形变。

② 对数据及变形图的分析可以看出，各个变形点发生变形的趋势大体一致，这表明组成桥梁的各个构件之间的连接是完好的。

③ 使用数码相机进行变形点的变形监测，降低了监测成本，具有性价比高、易于操作、便于推广使用的优点。以数码相机为监测设备能获取目标的真实影像，该方法获取的信息量大，效率高，且为非接触测量。

7.5 飞机结构变形监测试验

7.5.1 试验场景

飞机结构变形监测试验现场如图 7-21 所示。

7.5.2 仪器设备

飞机结构变形监测试验所需仪器设备见表 7-5。

图 7-21　飞机结构变形监测试验现场

表 7-5　仪器设备清单

仪器	相机	相机脚架	全站仪	全站仪脚架	参考点脚架	钢尺
数量	2	2	1	1	2	1

7.5.3　点位布设及坐标量测

根据摄影测量技术，采用普通高清数码相机对飞机结构进行变形监测数据采集。为了保证测量过程中内外方位元素稳定不变，用三脚架固定相机，并确保监测对象在影像的中心位置。

根据试验现场地理环境布设监测现场，在距离相机 1.9m 处布设参考平面，并保持参考平面与被监测物平面平行，摄影光束与物平面垂直。选取参考平面上参考点 C1、C6、C3、C8、C4、C9。由于施工过程中不易靠，所以在变形体上并不张贴变形点，而是在影像上选取明显标志 U0、U1、U2、U3、U4、U5 作为变形监测点。

各点位示意图如图 7-22 所示。图中，C1-C6 间隔为 77mm，C3-C8 间隔为 225mm，C4-C9 间隔为 278mm。

影中心距离飞机 40m，距离参考点 1.9m。

7.5.4　监测过程

试验开始后，首先拍摄一张零相片，作为后继相片的参考，之后进行

图 7-22　变形点及参考点示意图

连续拍摄，得到一组影像序列进行数据对比。本次试验共拍摄 31 张照片。

7.5.5　数据处理过程

将数码相机中的数据传输到计算机中，按照前面常规流程进行数字图像处理及解算。

7.5.6　数据处理结果与分析

各点的变形值如表 7-6 所示。

表 7-6　U0～U5 点的变形值

U0		U1		U2		U3		U4		U5	
X	Z	X	Z	X	Z	X	Z	X	Z	X	Z
−0.902	−0.402	−0.718	−0.088	−0.312	0.688	−0.465	0.410	−0.460	0.372	0.198	−0.288
0.988		0.723		0.755		0.620		0.592		0.349	

根据表 7-6 中的数据绘制钢结构货架荷载-挠度曲线图（其中 $v=\sqrt{DZ^2+DX^2}$）。变形曲线图如图 7-23 所示。

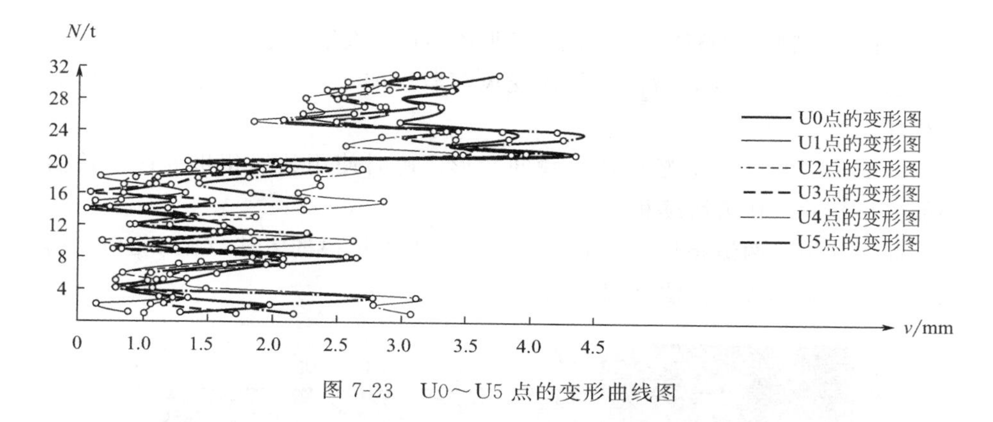

图 7-23 U0～U5 点的变形曲线图

7.6 钢结构校门动态变形监测

7.6.1 试验场地简介

试验场地为某高校的南大门。此大门为钢结构，是非常合适的试验监测场地。

7.6.2 试验设备

试验所需设备有：千万像素的数码相机两台及相应的相机脚架，笔记本电脑一台，全站仪一台，全站仪脚架一个，带有参考点标志的三脚架两个。

7.6.3 试验目的

以数码相机为监测设备进行动态变形监测试验，实现对于瞬间、实时、多点监测，解决传统方法所难以实现的动态变形监测问题，并且通过对校门进行的动态变形监测，探究其变形规律，为其安全使用提供数据支持。

7.6.4 试验过程

① 在合适位置布设相机，选取变形监测点与参考点。参考点要布设在稳定的地方，参考点的位置在整个试验过程中应不随施加荷载的变化而变化。参考点依次编号为 C0，C1，……。变形监测点应均匀分布在被监测物体上，

以反映被监测物体的整体变形情况。变形监测点依次编号为U0，U1，……。

② 当风力很小时，被监测物体受风荷载影响小，拍摄一张照片，作为零相片。

③ 在风力影响下，校门产生瞬间变形，此时使用数码相机的连续拍摄功能拍摄相片，作为后续相片。

此次共拍摄两组相片，其中第一组采用正直拍摄的方法（图7-24），第二组采用倾斜拍摄的方法（图7-25）。

图7-24　正直拍摄点位示意图

图7-25　倾斜拍摄点位示意图

7.6.5　数据处理

将数码相机中的数据传输到计算机中，按照前面常规流程进行数字图像处理及解算。

7.6.6　数据处理结果及分析

两组相片数据处理后，绘制的变形曲线如图 7-26、图 7-27 所示。

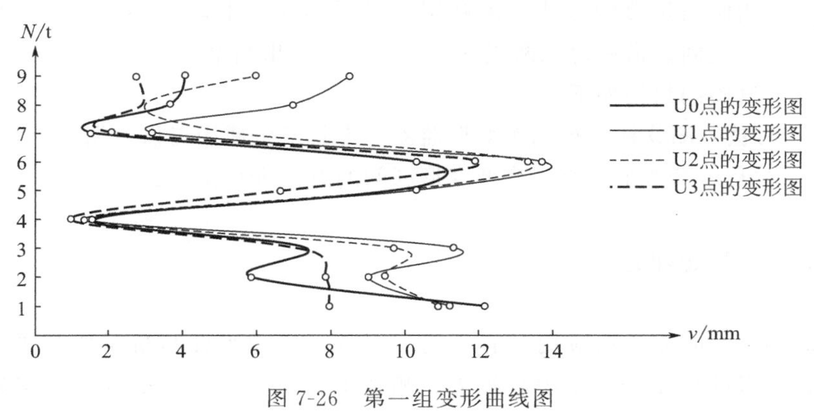

图 7-26　第一组变形曲线图

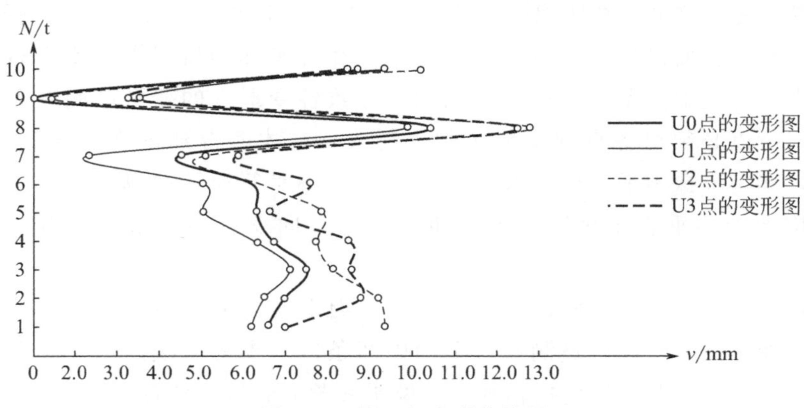

图 7-27　第二组变形曲线图

结果分析如下：

① 由各个变形点的变形图可以看出，变形点在受到荷载之后发生了变形，其变形以一条竖轴为中心左右摇摆，表明各点在变形后能够迅速恢复到变形之前的位置，其变形性质为弹性形变。

② 对数据及变形图的分析可以看出，各个变形点发生变形的趋势大体一致，这表明组成钢结构的各个构件之间的连接是完好的。

7.7 挠度变形解算方法验证

7.7.1 试验思想及目的

本次试验共获取两组数据，每组拍摄 10 张照片，拍摄间隔大约每秒一张。第一组采用正直拍摄的方法，可直接利用时间基线时差法进行计算；第二组采用倾斜拍摄的方法，需利用参考平面对变形区间进行改正，得到正确的变形区间。最后对比两组的试验结果，得出结论。

本次试验的目的如下：

① 对被监测物体进行动态变形监测，为其安全使用提供数据支持。

② 对利用参考平面改正挠度变形区间的方法进行试验验证。

7.7.2 数据处理方法

时间基线时差法在应用时有一定局限性，当像平面与桥梁所在平面平行时，获得的相片相当于中心投影，相片上各点的比例系数相同。可通过实地两参考点之间连线距离除以两参考点影像之间的像素数作为比例系数。但是实地进行监测时，受各种因素影响，相片平面与桥梁平面不平行，或者参考点与变形点不位于同一平面内，导致各变形点的变形区间变大或者变小，所以必须对各点的变形区间进行改正，才能得到正确的变形区间。为此，本小节探索了物体位移平面与像平面不平行时的解算方法。可以使摄影机光轴不垂直于桥梁平面，而以任意方向安置摄影机，求得物体的变形。

首先设置一参考平面，并量取参考平面上各点的点位坐标。使得参考平面与像平面平行，可量测参考平面中两条以上参考基线间的实际距离与像素距离，当各基线比例尺相等时，说明参考平面与像平面平行。

设参考平面的数学方程式为：

$$Ax+By+Cz+D=0$$

量取参考面上三个点的坐标：a（x_a，y_a，z_a），b（x_b，y_b，z_b），c（x_c，y_c，z_c），有：

$$Ax_a+By_a+Cz_a+D=0$$

$$Ax_b + By_b + Cz_b + D = 0$$
$$Ax_c + By_c + Cz_c + D = 0$$

解出系数 A、B、C 代入参考平面的方程式，据此求得参考平面的数学方程式。

时间基线视差法是一种用于二维变形测量的近景测量方法，应用此方法可以解算出垂直于摄影机光轴的二维平面的变形。如果直接对这个变形量进行改正，十分复杂，所以将变形分解为竖向变形（对于桥梁而言即挠度变形，如图 7-28 所示）与横向变形。对两个变形的变形区间分别进行改正，最终得到总的变形区间的改正量。

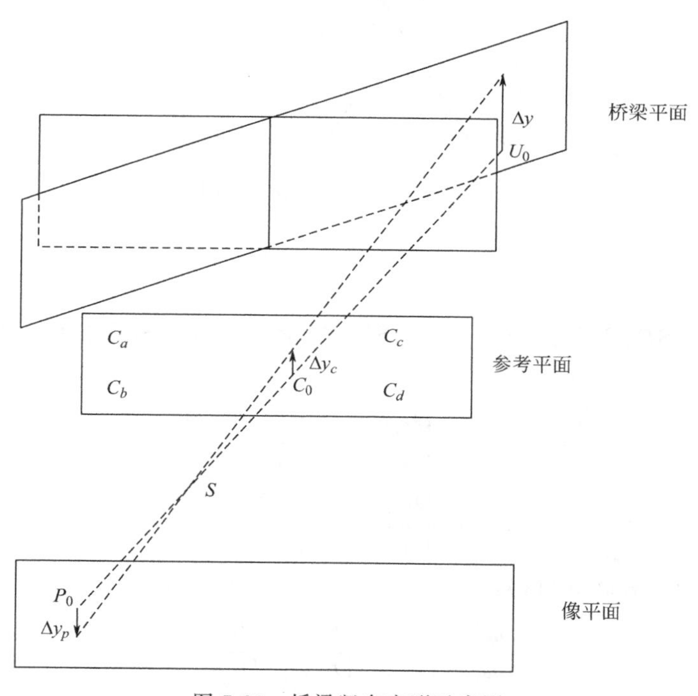

图 7-28　桥梁竖向变形示意图

可以通过实地两参考点之间连线距离除以两参考点影像之间的像素数作为比例系数 m_1，再求出真实比例系数 m_2 与 m_1 的关系，最终求解出真实的变形区间。

各点平面位置如图 7-29 所示。由图可以得出：

$$m_1 = \frac{D_{C_0C_1}}{D_{P_0P_1}}$$

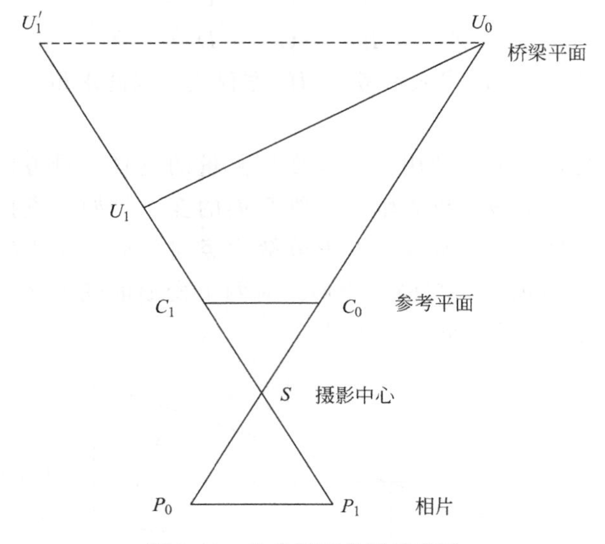

图 7-29　各点平面位置示意图

$$m_2 = \frac{D_{U_0U_1}}{D_{P_0P_1}}$$

由于$\triangle SP_0P_1 \cong \triangle SC_0C_1$，$\triangle SP_0P_1 \cong \triangle SU_0U_1$ 根据相似三角形的性质可以得出：

$$\frac{D_{C_0C_1}}{D_{P_0P_1}} = \frac{D_{C_0S}}{D_{P_0S}}$$

$$\frac{D_{U_0U'_1}}{D_{P_0P_1}} = \frac{D_{U_0S}}{D_{P_0S}}$$

将上面两式联立可得：

$$\frac{m_2}{m_1} = \frac{D_{C_0S}}{D_{P_0S}} \Big/ \frac{D_{U_0S}}{D_{P_0S}} = \frac{D_{C_0S}}{D_{U_0S}}$$

其中，S、U_0 两点的坐标可以通过全站仪量测。关于 C_0 点的坐标解算方法如下：

由于 C_0 位于参考平面与直线 SU_0 的交点处，故有

$$Ax_0 + By_0 + Cz_0 + D = 0$$

$$\frac{x_{C_0} - x_{U_0}}{x_{U_0} - x_S} = \frac{y_{C_0} - y_{U_0}}{y_{U_0} - y_S} = \frac{z_{C_0} - z_{U_0}}{z_{U_0} - z_S}$$

可得 C_0 点坐标（x_0，y_0，z_0）。由此可得：

$$D_{C_0S} = \sqrt{(x_{C_0} - x_S)^2 + (y_{C_0} - y_S)^2 - (z_{C_0} - z_S)^2}$$

$$D_{U_0S}=\sqrt{(x_{U_0}-x_S)^2+(y_{U_0}-y_S)^2-(z_{U_0}-z_S)^2}$$

所以实际变形量为：

$$\Delta y=\frac{m_2}{m_1}\times\Delta y_C$$

7.7.3 试验过程

试验现场如图 7-30 所示。

图 7-30　试验现场

第一步：布设参考平面（参考平面由 3 个以上的参考点构成），选取变形点，并利用全站仪量取相机、变形监测点、参考点的坐标位置信息。各点的三维坐标值如表 7-7 所示。

表 7-7　各点的三维坐标值

点位	X	Y	Z
相机	0	0	0
C0	2.250	−0.830	1
C1	2.251	−0.830	0
C2	2.250	0.830	1
C3	2.250	0.830	0
U0	4.500	−0.508	−0.943
U1	5.174	−0.108	−0.929
U2	5.974	0.257	−0.939

第二步：当楼梯上没有人走动时，可认为被监测目标没有受到外力作用，所以没有变形，此时拍摄一张照片，称之为零相片。

第三步：让两名同学在楼梯上跳跃，此时会给被监测物体一个突然的作用力，外荷载对结构做功。被监测物体受到冲击荷载后，产生瞬间变形，此时使用数码相机的连续拍摄功能，分别从与被监测物体位移平面的正直与倾斜两个方向拍摄照片，此时拍摄的照片称之为后续相片。

7.7.4 试验结果

数据的解算可通过计算机实现，具体解算步骤参见第五章。经解算之后，试验结果如下。

正直拍摄时求得各点的挠度变形值见表 7-8。

表 7-8 正直拍摄时各点的挠度变形值

片号	U0	U1	U2
P\1	0.58	0.86	0.82
P\2	−0.54	1.12	−1.46
P\3	2.34	3.82	2.52
P\4	−1.66	−3.28	−1.42
P\5	−2.30	−4.08	−2.32
P\6	1.30	4.24	2.52
P\7	−0.86	1.22	0.48
P\8	−2.28	−3.68	−0.28
P\9	2.80	3.02	2.66
P\10	0.90	2.70	0.90

根据表 7-8 中的数据绘制挠度变形曲线如图 7-31 所示。

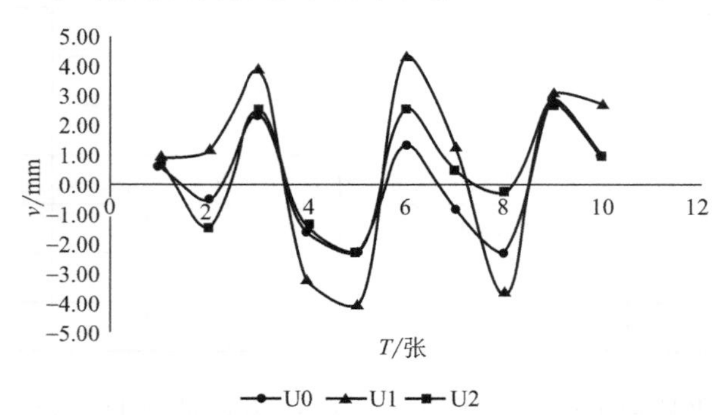

图 7-31 U0～U2 正直挠度变形曲线

倾斜拍摄时求得各点的挠度变形值如表 7-9 所示。

表 7-9　倾斜拍摄时各点挠度变形值

片号	U0	U1	U2
P\1	0.27	0.40	0.41
P\2	−0.39	−1.28	−0.65
P\3	1.17	1.66	0.95
P\4	−0.11	0.10	0.11
P\5	−1.15	−1.77	−0.87
P\6	0.95	1.04	0.95
P\7	−0.43	0.53	0.18
P\8	0.05	0.09	0.29
P\9	1.30	1.10	0.69
P\10	−0.05	0.64	0.35

根据表 7-9 中的数据绘制挠度变形曲线如图 7-32 所示。

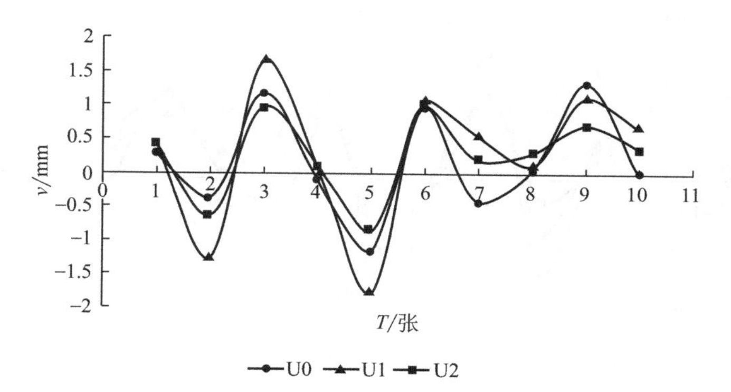

图 7-32　U0～U2 倾斜挠度变形曲线

进行倾斜拍摄时，摄影机光轴与被监测物体的位移平面不平行，所以需要对应用二维时间基线视差法解算的数据进行改正。可根据竖向变形的解算方法进行改正。

首先，根据参考点的坐标求得参考平面方程式为：

$$x-2.250=0$$

然后，求得 U0、U1、U2 点在参考平面上对应的点坐标分别为（2.25，−0.250，−0.472）（2.25，−0.047，−0.41）；（2.25，0.097，−0.354）。

进而，根据上述坐标求得各点的改正比例系数为 2、2.30、2.655，及

U0、U1、U2点的变形值应分别乘上系数2、2.30和2.655。经改正后的各点挠度变形值如表7-10所示。

表7-10 各点修正后的挠度变形值

片号	U0	U1	U2
P\1	0.54	0.92	1.08
P\2	−0.77	−2.94	−1.71
P\3	2.34	3.82	2.52
P\4	−0.21	0.23	0.28
P\5	−2.30	−4.08	−2.32
P\6	1.90	2.40	2.52
P\7	−0.86	1.22	0.48
P\8	0.09	0.21	0.76
P\9	2.60	2.53	1.83
P\10	−0.09	1.47	0.92

根据变形监测点的数据绘制挠度变形曲线如图7-33所示。

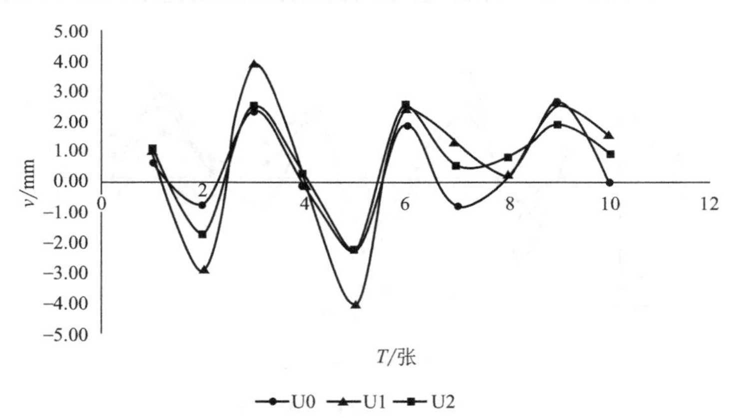

图7-33 U0～U2修正挠度变形曲线图

试验结果分析：

① 从正直拍摄以及倾斜拍摄两组照片的处理结果可看出，各点均表现出弹性变形，且位于中间的U1点变形最大，最大变形值约为5mm，位于两侧的U0、U2点变形较小，约为3mm，这符合变形规律。

② 倾斜拍摄所解算的数据经过改正之后，虽然就单张照片而言，其变形值有所不同，这是由于拍摄时间不同所导致的。但是就总体的变形区间与变形趋势而言，两组照片的解算结果基本一致，表明了挠度变形解算方法的正确性。

智能手机及无人机应用篇

第八章

智能手机变形监测系统应用

8.1 智能手机在变形监测中的应用简介

随着科技的发展，小小的智能手机作用越来越大，给我们的生活带来了极大方便。在变形监测领域，智能手机的应用可以体现在以下方面：

① 智能手机具有测震功能。手机内置重力感应器，又称重力传感器，也称为加速度传感器。重力传感器利用了其内部加速度造成晶体变形特性。由于这个变形会产生电压，只要计算出产生电压和所施加的加速度之间的关系，就可以将加速度转化成电压输出。重力传感器可以用来分析物体的振动，通过手机自带重力感应器来测量车辆座位的振动，测量频率为 9Hz，具有自动记录数据、存储数据、统计分析、绘图显示的功能。智能手机的这一功能，再借助车辆等运动仪器的运行，根据震动绘制曲线，可以分析路面、桥面或者建筑等的震动情况，从而推断各种物体的变形。

② 智能手机具有 GPS 功能。GPS 具有监测建筑物变形的功能，但是手机属于民用设备，其内嵌 GPS 系统主要用来帮助用户进行导航，应用于变形监测则不太合适。

③ 智能手机具有拍照功能。随着智能手机的性能越来越好，智能手机的拍照功能也越来越先进，像素也逐步提高。智能手机的拍照功能主要是满足人们对摄影爱好的需要，在物体变形监测方面是否能够满足需要，在哪些条件下可以使用，还需要进行试验测试。

针对上面例举的智能手机在变形监测方面的应用，已经有科研工作者正尝试将其应用在路面变形监测。本章在前述的信息监测系统的基础上，对智能手机图像采集在变形监测方面的应用进行测试并使用。

8.2 智能手机图像采集测试

8.2.1 测试目的及试验方案

本次试验主要是测试手机在变形图像采集的清晰度及失真度。我们使用如下试验方案：

① 设计黑白对比度高，并能显示出图像清晰度和失真度的标志。

② 寻找合适场地，设置不同距离分别测试智能手机图像采集效果。

③ 将智能手机采集的图像进行对比，查看其清晰度及失真度，并尝试调试手机使其采集的变形图像达到最佳效果。

8.2.2 设备及标志选取

我们选取的标志仍然是黑白对比，但是有别于过去只有一个焦点的黑白对比图案，设计了棋盘式的具有多个黑白交叉焦点的黑白对比标志。这样做主要可以测试智能手机在不同距离下采集图像时，可以比较准确地判断智能手机拍摄功能的清晰度及失真度。试验设计的标志如图 8-1 和图 8-2 所示。

图 8-1 17×9 棋盘格标志

图 8-2 棋盘格标志现场

8.2.3 场地及布置及设备介绍

本次试验场地为一处安静的地下停车场（图 8-3），这里没有风、震动、噪声等干扰，采光效果适中，可以精确地进行不同距离的测试试验。

图 8-3　场地情况

试验所使用设备清单如表 8-1 所示。

表 8-1　仪器清单

仪器	相机	相机脚架	智能手机	钢尺
数量	1	1	2	1

8. 2. 4　智能手机校正

对智能手机进行调试，将手机置于三脚架上固定好，做好手机的指南针及水平仪校正，如图 8-4 所示。

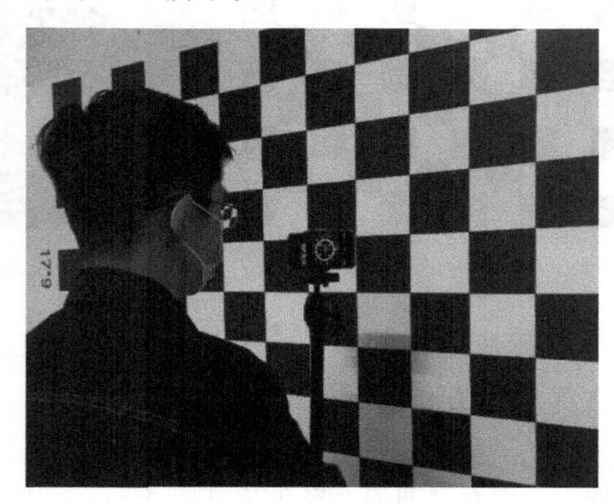

图 8-4　手机校正

在校正过程中，我们发现手机中指南针及水平仪并不是非常准确，容易受到干扰，这是测试手机过程中发现的一项缺点。

8.2.5 测试情况及分析

试验人员将相机架设在三脚架上，先调试手机的指南针及水平仪（后来这一工作放弃了，因为它实在太不稳定了），将拍照距离分别设定为 5m、10m、15m、20m、25m、30m，拍照测试，如图 8-5 所示。每次测试结果如图 8-6 所示，对比图像可知智能手机的失真情况。

图 8-5

图 8-5　现场测试

测试结果分析：

从拍摄图片可以看出，智能手机所拍摄的图片交叉点逐渐不清晰，整个界面也会有一定程度的失真走形。

5m

10m

15m

20m

25m

30m

图 8-6　智能手机标志图像采集图

由图 8-6 可知，在 5～30m 的距离内，棋盘格的清晰度与拍摄距离呈反比。我们以 5m 距离拍摄的相片为例，利用张正友标定法对智能手机的镜头进行标定，并对相片进行畸变校正，发现图像中心畸变小，四角畸变大，且畸变的大小与距图像中心的距离成正比。

智能手机携带方便，可以做到随时随地拍照，拍摄照片也非常容易导入电脑进行变形图像的处理，另外还可以开发专门针对手机的变形处理软件，这样就可以更加节省图像采集及处理时间，甚至可以做到人人都是安全监测者的理想状态。但是现实情况是，手机更加注重普通客户的使用感受，手机中所有特殊功能都不能代替专业设备，因为手机的精度相对较低。因此，手机的图像采集功能用于变形图像采集时具有很大的局限性。但是智能手机在一定条件下还是可以用来应急，若要想得到更加有效的效果，需要再借助设施设备精准测试。经过测试，智能手机在 15m 范围内，在特定图像采集区间内，可以避开采集图像的失真，还是可以作为变形监测信息系统的图形采集设备的。

8.3　智能手机监测模拟滑坡变形监测试验

8.3.1　试验目的

本次试验的目的有两点：一，测试使用手机进行近距离变形图像采集的实用效果，充分利用智能手机能够远程遥控拍摄、1s 连拍及快速传递数据的优势，提高变形监测信息系统的应用环境及领域；二，滑坡灾害预警一直也是一项难题，将我们所设计的变形监信息系统应用于环境不便利的地方，如野外或者偏远的地区，如果一部手机就能够随时采集滑坡变形图像，并随时将数据远程传输给相关工作者，那么对于灾害的预警预防将会非常有帮助。

8.3.2 滑坡变形监测简介

滑坡是指斜坡上的土体或者岩体，受河流冲刷、地下水活动、雨水浸泡、地震及人工切坡等因素影响，在重力作用下，沿着一定的软弱面或者软弱带，整体或者分散地顺坡向下滑动的自然现象。

（1）滑坡产生的基本条件

① 产生滑坡的基本条件是斜坡体前有滑动空间，两侧有切割面。例如，中国西南地区，特别是西南丘陵山区，最基本的地形地貌特征就是山体众多、山势陡峻、土壤结构疏松、易积水，沟谷河流遍布于山体之中，与之相互切割，因而形成众多的具有足够滑动空间的斜坡体和切割面。滑坡发生的基本条件广泛存在，滑坡灾害相当频繁。

② 从斜坡的物质组成来看，其具有松散土层、碎石土，风化壳和半成岩土层的斜坡抗剪强度低，容易产生变形面下滑；坚硬岩石中，由于岩石的抗剪强度较大，能够经受较大的剪切力而不变形滑动。但是如果岩体中存在着滑动面，特别是在暴雨之后，由于水在滑动面上的浸泡，使其抗剪强度大幅度下降而易滑动。

③降雨对滑坡的影响很大。降雨对滑坡的作用主要表现在，雨水的大量下渗，导致斜坡上的土石层饱和，甚至在斜坡下部的隔水层上积水，从而增加了滑体的重量，降低了土石层的抗剪强度，导致滑坡产生。不少滑坡具有“大雨大滑、小雨小滑、无雨不滑”的特点。

④ 地震对滑坡的影响很大。究其原因，首先是地震的强烈作用使斜坡土石的内部结构发生破坏和变化，原有的结构面张裂、松弛，加上地下水也有较大变化，特别是地下水位的突然升高或降低对斜坡稳定是很不利的；另外，一次强烈地震的发生往往伴随着许多余震，在地震力的反复振动冲击下，斜坡土石体就更容易发生变形，最后就会发展成滑坡。

（2）滑坡产生的主要条件

滑坡产生的主要条件：一是地质条件与地貌条件；二是内外营力（动力）和人为作用的影响。第一个条件与以下几个方面有关：

① 岩土类型：岩土体是产生滑坡的物质基础。一般来说，各类岩、土都有可能构成滑坡体，其中，结构松散、抗剪强度和抗风化能力较低、在

水的作用下其性质能发生变化的岩、土，如松散覆盖层、黄土、红黏土、页岩、泥岩、煤系地层、凝灰岩、片岩、板岩、千枚岩等及软硬相间的岩层所构成的斜坡，易发生滑坡。

② 地质构造条件：组成斜坡的岩、土体只有被各种构造面切割分离成不连续状态时，才有可能产生向下滑动的条件。同时，构造面又为降雨等水流进入斜坡提供了通道。故各种节理、裂隙、层面、断层发育的斜坡，特别是当平行和垂直斜坡的陡倾角构造面及顺坡缓倾的构造面发育时，最易发生滑坡。

③ 地形地貌条件：只有处于一定的地貌部位，具备一定坡度的斜坡，才可能发生滑坡。一般江、河、湖（水库）、海、沟的斜坡，前缘开阔的山坡、铁路、公路和工程建筑物的边坡等都是易发生滑坡的地貌部位。坡度大于10°，小于45°，下陡中缓上陡、上部成环状的坡形是产生滑坡的有利地形。

④ 水文地质条件：地下水活动，在滑坡形成中起着主要作用。它的作用主要表现在：软化岩、土，降低岩、土体的强度，产生动水压力和孔隙水压力，潜蚀岩、土，增大岩、土容重，对透水岩层产生浮托力等，尤其是对滑面（带）的软化作用和降低强度的作用最突出。

就第二个条件而言，在现今地壳运动的地区和人类工程活动的频繁地区是滑坡多发区，外界因素和作用，可以使产生滑坡的基本条件发生变化，从而诱发滑坡。主要的诱发因素有：地震、降雨和融雪、地表水的冲刷、浸泡、河流等地表水体对斜坡坡脚的不断冲刷可诱发滑坡；不合理的人类工程活动，如开挖坡脚、坡体上部堆载、爆破、水库蓄（泄）水、矿山开采等都可诱发滑坡；还有如海啸、风暴潮、冻融等作用也可诱发滑坡。

（3）滑坡产生的人为因素

违反自然规律、破坏斜坡稳定条件的人类活动都会诱发滑坡。例如：

① 开挖坡脚：修建铁路、公路、依山建房、建厂等工程，常常因坡体下部失去支撑而发生下滑。例如，我国西南、西北的一些铁路、公路，因修建时大力爆破、强行开挖，事后陆陆续续地在边坡上发生了滑坡，给道路施工、运营带来危害。

② 蓄水、排水：水渠和水池的漫溢和渗漏，工业生产用水和废水的排放、农业灌溉等，均易使水流渗入坡体，加大孔隙水压力，软化岩、土体，增大坡体容重，从而促使或诱发滑坡的发生。水库的水位上下急剧变动，加大了坡体的动水压力，也可使斜坡和岸坡诱发滑坡发生。尤其是厂矿废渣的不合理堆弃，常常触发滑坡的发生。此外，劈山开矿的爆破作用，可

使斜坡的岩、土体受振动而破碎产生滑坡；在山坡上乱砍滥伐，使坡体失去保护，便有利于雨水等水体的入渗从而诱发滑坡，等等。如果上述的人类作用与不利的自然作用互相结合，则就更容易引发滑坡。

随着经济的发展，人类越来越多的工程活动破坏了自然坡体，滑坡的发生越来越频繁，并有愈演愈烈的趋势，应加以重视。各种滑坡事故如图 8-7 所示。

图 8-7　各种滑坡事故

8.3.3　滑坡监测的传统方法

滑坡的发生要经历蠕滑、滑动和剧滑三个阶段，三个阶段的变形特征各不相同，表现出滑坡的地表位移、速率、裂缝分布和各种伴生现象各不相同。因此，根据滑坡发育不同阶段的特点，采用有针对性的观测方法是实现滑坡观测的关键，也是能否有效观测滑坡的关键。因此，准确地认识滑坡发育的阶段性，并按滑坡不同发育阶段的特点进行有针对性的观测就显得非常重要。

滑坡的地表位移监测方法有五种。

（1）大地测量法

大地测量法的优点是技术成熟、精度高、资料可靠、信息量大；缺点是受地形视通条件和气候影响均较大。大地测量法使用的仪器有：

① 经纬仪、水准仪、测距仪：其特点是投入快、精度高、监测面广、直观、安全、便于确定滑坡位移方向及变形速率，适用于不同变形阶段的水平位移和垂直位移，但其受地形限制和气候的条件影响，不能连续观测；

② 全站式电子测距仪、电子经纬仪：其特点是精度高、速度快、自动化程度高、易操作、省人力、可跟踪自动连续观测、监测信息量大，适用于加速变形至剧变破坏阶段的水平位移、垂直位移监测。该方法在长江三峡库区10多个监测体上得到普遍应用，监测结果直接用于指导防治工程施工。

（2）全球定位系统（GPS）观测法

全球定位系统（GPS）观测法精度高、投入快、易操作、可全天候观测，同时测出三维位移量 X、Y、Z，对运动中的点能精确测出其速率，且不受条件限制，适用于不同变形阶段的水平位移和垂直位移监测，能连续监测。其缺点是成本较高。我国已经在京津唐地壳活动区、长江三峡工程坝区建立了GPS观测网，并将GPS技术应用在三峡库区滑坡、链子崖危岩体变形监测以及铜川市川口滑坡治理效果监测。

（3）遥感RS法和近景摄影法

遥感RS法和近景摄影法适用于大范围、区域性崩滑体监测。根据遥感图片，进行滑坡判断，根据不同时期的图像变化了解滑坡的变化情况；利用高分辨率遥感影像对地质灾害动态监测：随着遥感传感器技术的不断发展，遥感影像对地面的分辨率越来越高。例如：美国LANDSAT卫星的TM遥感影像对地面的分辨率为29m，法国SPOT卫星全波段影像对地面分辨率达10m，而美国IKNOS卫星影像对地面的分辨率高达1m。利用卫星遥感影像所反映的地面信息丰富，并能周期性获取同一地点影像的特点，可以对同一地质灾害点不同时期的遥感影像进行对比，进而达到对地质灾害动态监测的目的。近景摄影法用陆摄经纬仪等进行监测，其特点是监测信息量大，省人力、投入快、安全；但缺点是精度相对较低。近景摄影法主要适用于变形速率较大的滑坡水平位移和危岩陡壁裂缝变化的监测，受气候条件影响较大。例如，用于三峡库区大型崩滑体易发区段的划分和预测以及西藏波密易贡高速巨型滑坡分析预测。

（4）滑坡变形（位移）观测仪

滑坡变形（位移）观测仪又称滑坡裂缝计、滑坡变形观测仪，这类观测仪器很多，结构类型有机械、电子式或机械电子式等仪器，主要用于对滑坡地表裂缝、建筑物裂缝的变形位移的观测，可以直接得到连续变化位移-时间曲线，能满足野外条件下工作的长期性、稳定性、可靠性、坚固性要求。滑坡变形（位移）观测仪记录到的数据曲线直观、干扰少、可信度高，因此，应用非常广泛。由于滑坡裂缝较多，在滑坡上分布广，所需仪器数量较多，布置分散，每一台观测仪器只反映了一条观测裂缝的位移变形，这也对观测信息的集成传输造成了一定的困难，一般都需要人直接去操作仪器。在滑动出现险情时，人员不宜接近。

（5）排桩观测

排桩观测是一种简易观测方法。该方法是从滑坡后缘的稳定岩体开始，沿滑坡轴向等距离布设一系列排桩。排桩布设一般都埋设在滑坡变形最明显的轴线上。如滑坡的宽度大，可并列地布设多排观测桩。排桩的起始点（0 点）埋设在滑坡后缘以外的稳定岩体上，为测量的起始点，然后依次沿轴向埋设 1 号桩、2 号桩。各桩的间距约 10m。桩的数量视滑坡后缘拉缝分布的宽度而定。

本节监测试验的主要目的是利用近景摄影测量原理，使用智能手机来代替近景摄影测量专业数据采集相机，对智能手机进行可行性测试，并利用软件对其存在的缺点进行修正，并设计一个易于操作、应用灵活的监测流程来完成滑坡的变形监测任务。

8.3.4 设备及标志选取

将圆形变形标志贴在小瓶盖上，将参考标志固定在三脚架上及平铺在地面上，如图 8-8 所示。

图 8-8 变形点及参考点标志图

监测试验选取设备如表 8-2 所示。

表 8-2　仪器清单

仪器	相机	相机脚架	智能手机	三脚架	参考点脚架	钢尺	手机脚架
数量	1	3	2	1	1	1	2

8.3.5　场地及布置及设备介绍

选择一个光线较好的空旷场地，设计一个能够盛放沙土的模拟滑坡设备，将变形标志嵌入沙土中，将参考标志固定在滑坡设备周围及三脚架上，将调试好的智能手机固定在沙土正上方。从沙土正上方拍摄变形图像，在离沙土一定距离处使用数码相机拍摄变形图像。试验现场布设如图 8-9 所示。

图 8-9　现场布设

变形标志、参考标志及相机、智能手机的参数值如图 8-10 所示。

图 8-10　现场各点参数值

8.3.6　试验过程

第一次：

用铲子在沙土下逐步挖土，让沙土慢慢滑动（图 8-11），造成滑坡的类似场景，同时遥控智能手机及数码相机连续拍照，直到沙土上最后一个变形标志明显移位。

图 8-11　测试过程

第二次：

重新布置场景，在沙土底部放上石块、木头等固体物质，然后将固体物质逐一抽离沙土，同时使用智能手机及数码相机拍照，直到沙土上所有标志完全移位。

最后，再将采集的图像传入电脑中，按照变形监测信息系统流程处理图像，得到变形曲线图。

8.3.7　试验结果及分析

通过数码相机水平方向拍摄得到的变形曲线图如图 8-12 和图 8-13 所示。

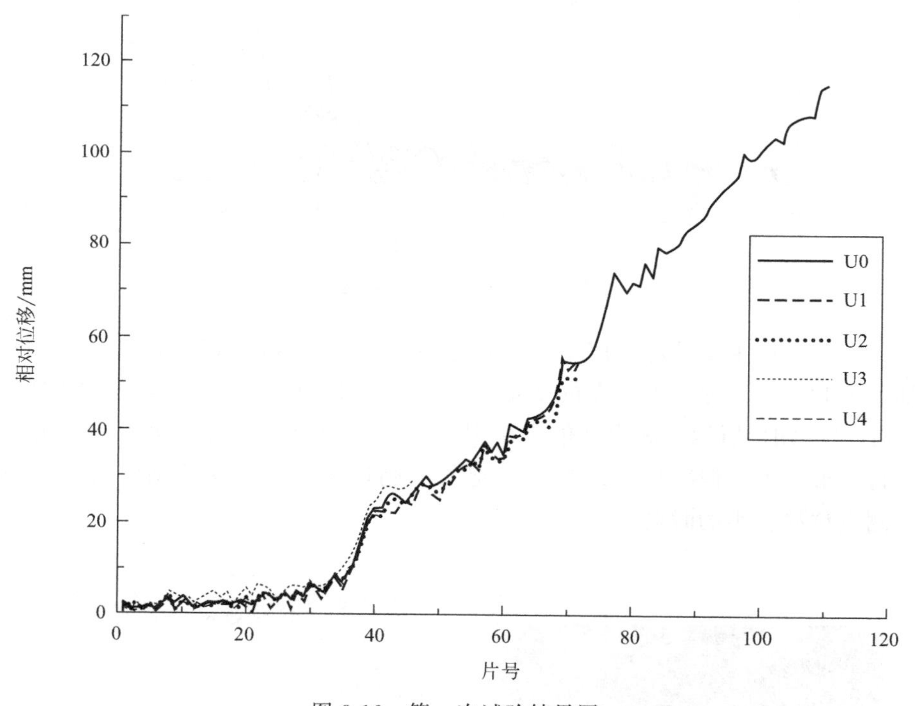

图 8-12　第一次试验结果图

观察第一次试验结果图可知，U0 标志是最后一个脱落的，其他标志点在制造滑坡过程中就已脱落，故变形曲线中途出现了中断。

观察第二次试验结果图可知，U0 点中途脱落，所以出现了十分明显的位移，但由于标志点脱落后可被识别部位仍然明显，所以仍能对其进行监测。

综上可知，数码相机在水平方向上对滑坡进行监测具有一定的可行性。

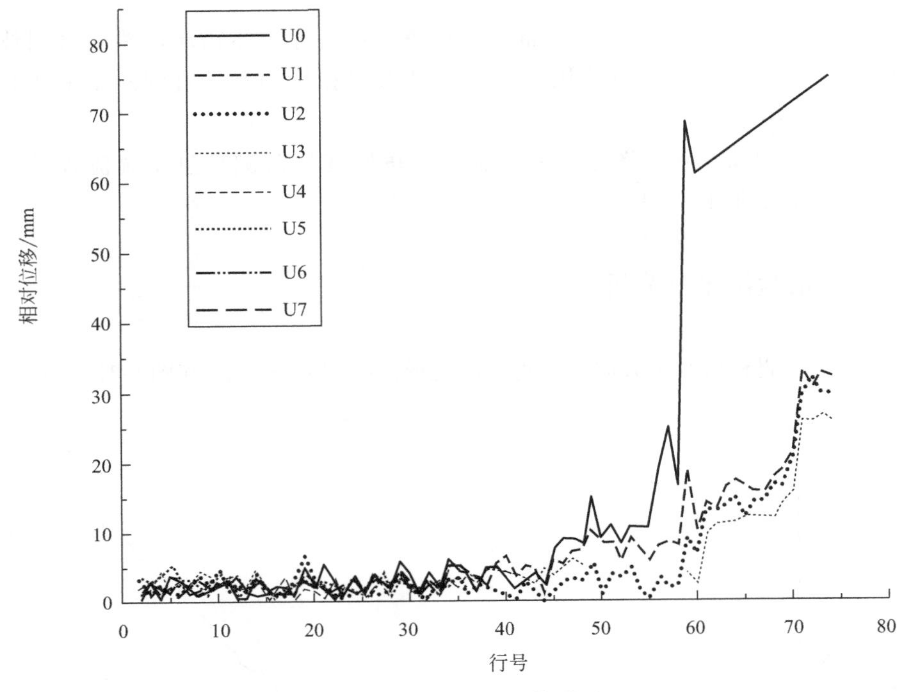

图 8-13　第二次试验结果图

智能手机主要针对了四个标志点进行监测，分别命名为 A、B、C、D，如图 8-14(a) 所示，4 个点的变形轨迹如图 8-14(b) 所示，其变形图如图 8-14(c)～(d) 所示。观察智能手机得到的结果图可知，智能手机能对滑坡进行变形监测，但变形曲线具有一定的毛刺现象，且出现毛刺的时刻是被监测点位移较小的时刻。

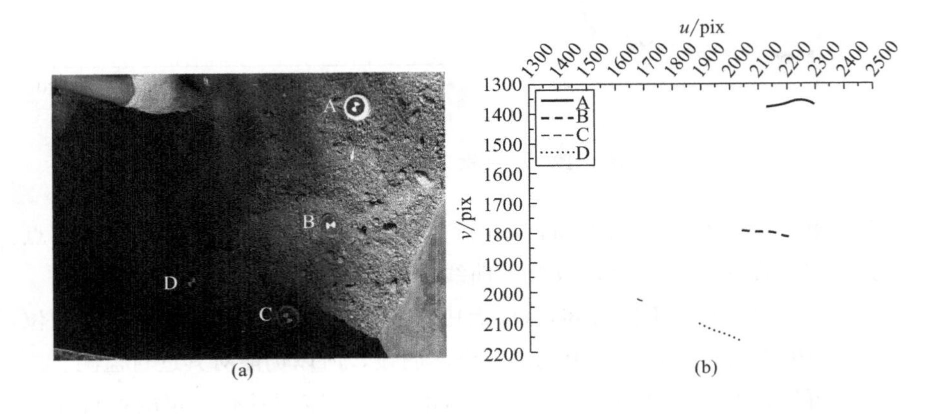

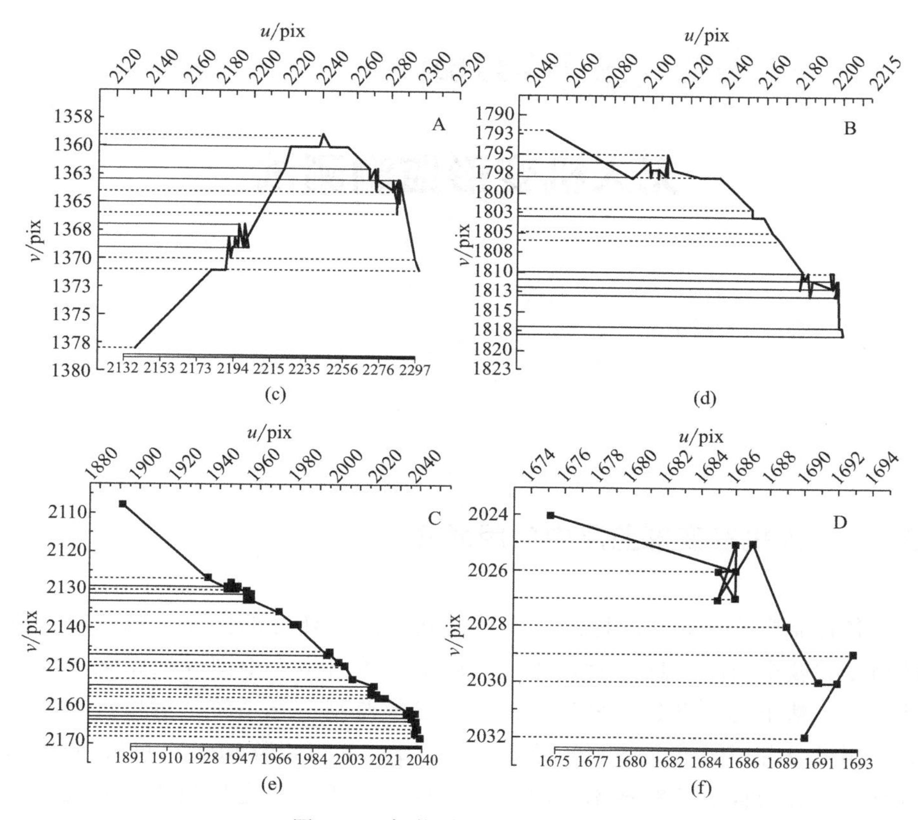

图 8-14　智能手机俯拍结果组图

通过智能手机可获得大量数据，因为手机可以自动连续拍摄。如果对每一个图像都进行严格处理，工作量非常大，但是通过获得的数据曲线来看，这样近距离获取变形图像能达到甚至高于数码相机的效果（原因是距离近，瞬间采集的数据量大）。因为手机携带便捷，传输图像信息灵活，在一定情况下可以用来应急。但是由于手机远距离拍摄图像失真较大，所以还是有很大的局限性。

第九章

无人机变形监测测试

9.1 无人机在变形监测中应用简介

各种需要监测的变形物体，容易受到距离和环境的限制，难获得较好的精度和较全面的信息。无人驾驶飞机是一项新型空中图像数据采集应用性技术，基于无人机数据采集，再结合变形监测信息系统，可以有效解决数码相机或者智能手机对于空间定位的需要，它可以移动式监测核心目标，融合无人机的自主导航技术、图像识别算法和亚像素定位技术，实现对全场三维变形的毫米级测量。

现阶段已经有一些机构开始使用无人机进行相关监测工作。如果变形监测信息系统能够很好地利用无人机的优势，进行空中采集图像数据并有效应用到该变形监测信息系统中，将会极大提高该系统的应用范围。

无人机航拍摄影是以无人驾驶飞机作为空中平台，使用机载遥感设备，如高分辨率 CCD 数码相机、轻型光学相机、红外扫描仪，激光扫描仪、磁测仪等获取信息，用计算机对图像信息进行处理，并按照一定精度要求制作成图像。无人机航拍系统在设计和最优化组合方面具有突出特点，集成了高空拍摄、遥控、遥测技术、视频影像微波传输和计算机影像信息处理的新型应用技术。

使用无人机进行小区域遥感航拍技术，在实践中取得了明显成效和经验。以无人机为空中遥感平台的微型航空遥感技术，适应国家经济和文化建设发展的需要，为中小城市，特别是城、镇、县、乡等地区经济和文化建设提供了有效的遥感技术服务手段。遥感航拍技术对我国经济的发展具有重要的促进作用。

9.2　无人机变形监测应用流程

无人机变形监测的应用流程和前期数码相机应用一致，只不过我们采集图像的设施设备改用无人机航拍摄影装置。应用流程如下：

① 利用特制的钢结构设备，合理布设变形点及参考点，利用无人机采集数据，再按照变形信息监测系统进行变形信息处理，获得变形曲线图。

② 挑选曾做过测试的建筑体去验证无人机的使用效果。

③ 对比无人机及数码相机监测结果，评估无人机应用在变形监测信息系统中的应用的有效性。

9.3　试验用无人机介绍

试验中所使用的观测仪器为大疆 Phantom 4 RTK（图 9-1），由飞行器、遥控器、云台相机以及配套使用的 DJI GS RTK App 组成，具备高精度测绘功能。机身预装机载 D-RTK，可提供厘米级高精度准确定位，实现更为精准的测绘作业。飞行器配备位于机身前部、后部及底部的视觉系统与两侧的红外感知系统，提供多方位的视觉定位及障碍物感知，并可实现在室内稳定悬停、飞行。云台相机可稳定拍摄 4K 超高清视频与 2000 万像素照片。

图 9-1　试验所用无人机

9.4 无人机使用模拟测试

9.4.1 试验目的

这是一次模拟试验，选择一个钢结构太阳架，采用和数码相机相同的变形监测系统及监测流程，目的是考察使用无人机采集的变形数据，能否用于本书所介绍的变形监测信息系统，处理效果如何，能否达到变形监测的精度要求。

9.4.2 场地布置及设备介绍

在校园内找到一个没有加伞布的钢结构太阳架，在太阳架顶部布设变形点，在附近地面布设参考点（用来给无人机从空中拍摄采集变形图像），并使用三脚架布设竖直参考点（用来给地面数码相机拍摄采集变形图像），如图 9-2 所示。

图 9-2 试验现场

所布设变形点、参考点位置及参数值如图 9-3 所示。

9.4.3 试验过程

试验分成两种方式：一种方式，让无人机在太阳架正上方，以悬停方

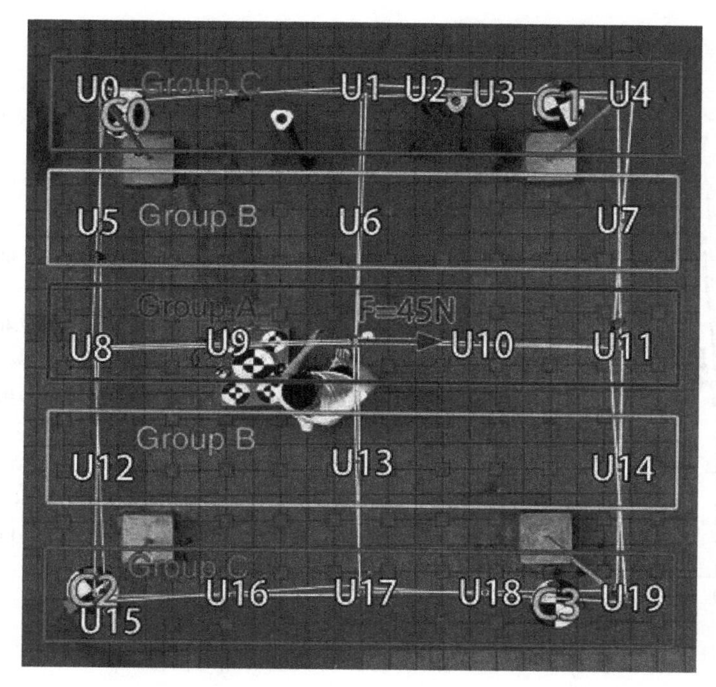

图 9-3　变形点、参考点位置及参数值

式拍摄相对静止画面，在拍摄时拉动连接太阳架的绳子，使得太阳架产生变形，从而获取太阳架的变形图像，然后按照变形监测信息系统常规流程进行图像处理，得到变形曲线图（这一方式主要是用来测试无人机悬停获取图像数据的能力）；另一种方式，拉动太阳架地面上的一个变形点标志，可以用绳子拉动的物体，让无人机尽量和被拉动的物体以同步速度从太阳架上方飞过，同时获取图像（这一过程主要是用来获取无人机飞行过程中获取移动数据的能力）。

9.4.4　试验结果及分析

外业数据采集结束后，将无人机所拍摄的照片导入变形监测信息系统中进行数据处理，最终得到如图 9-4 和图 9-5 所示图像，即本次试验的试验结果。

观察以上两幅变形图可知：当撤去力 F 后，被监测点位产生了相对位移，并且在 X 方向上产生了往复运动，并且振幅逐渐减小，最终相对位移趋近于零，即钢架在 X 方向上逐渐恢复平衡。由于力的方向平行于 X 轴，

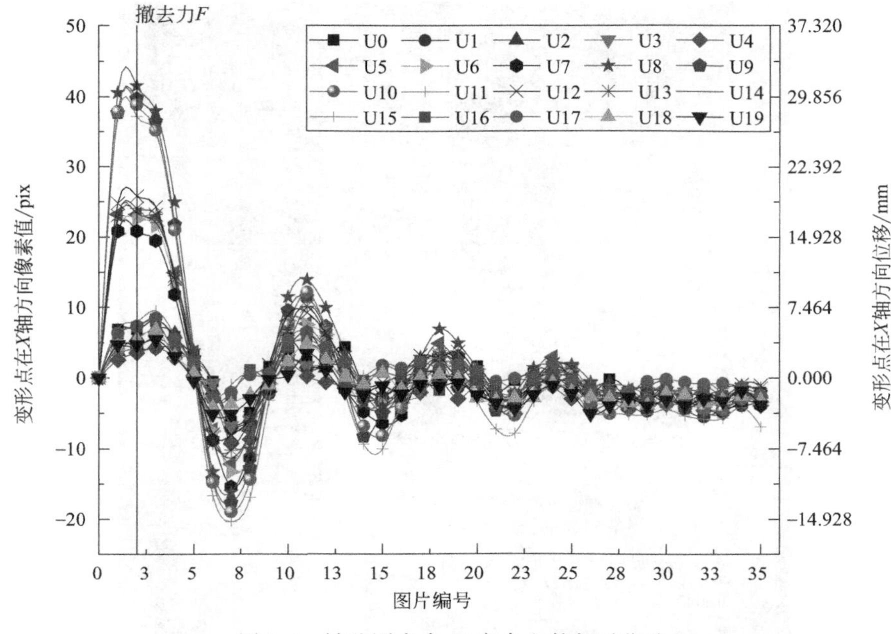

图 9-4 被监测点在 X 方向上的相对位移

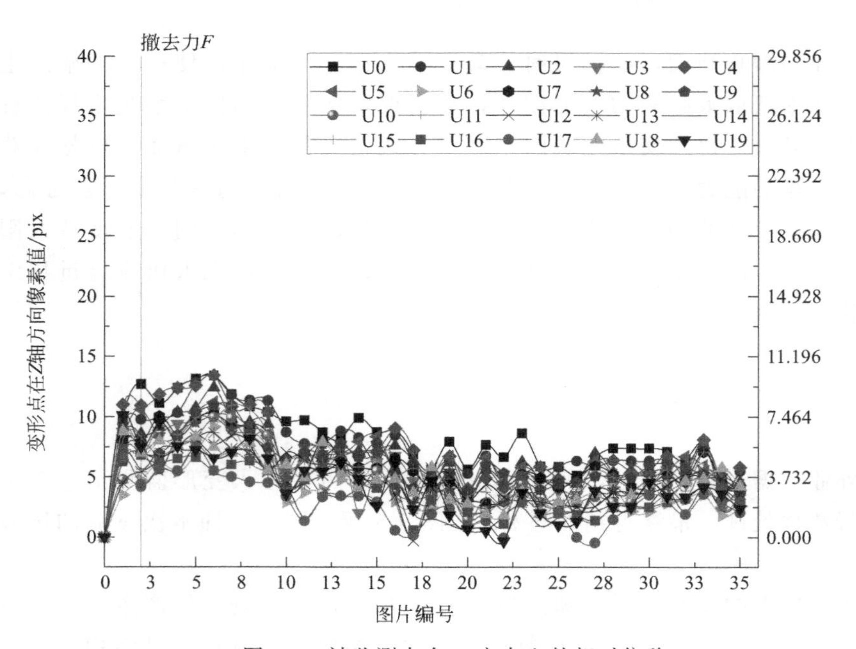

图 9-5 被监测点在 Z 方向上的相对位移

且垂直于 Z 轴，所以被监测点在 Z 方向上的相对位移不明显。

将以上两幅图进行合并，可得到如图 9-6 所示的瀑布图，即被监测点在 X-Z 平面上的相对位移。

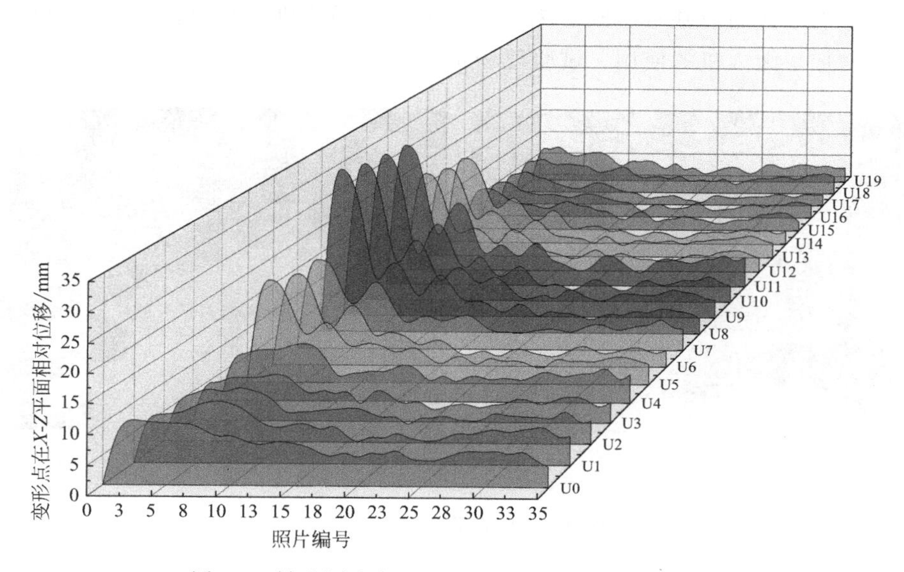

图 9-6 被监测点在 X-Z 平面上的相对位移瀑布图

图中，不同瀑布线代表了不同行上的被监测点，由于力 F 直接作用于钢架中心区域，所以钢架中心处变形最大，且由四周结构对其进行约束，所以导致了图 9-6 所示的情况。

综上所述，各变形曲线符合钢架变形预期，证明了无人机监测钢结构动态变形具有可行性。

9.5 无人机监测奥体中心游泳馆变形试验

9.5.1 试验目的

本试验主要是测试无人机变形监测在建筑物中的使用效果。这次试验选择的建筑物是在前面章节做过试验的奥体中心游泳馆，再次使用无人机监测，也能和曾经使用数码相机取得的相关结果进行对比。这样将多种数据采集方式进行对比，将来在实际工作中也可以针对不同的问题采用不同的方式。这次试验现场由于离变形点距离比较远，太阳光线也比较强烈，智能手机拍摄效果不佳，本节就不再涉及手机监测效果的阐述了。

9.5.2 场地布置及设备介绍

这次场地布设基本还原了7.4节中采用数码相机试验时候的所有设计，只是增加了无人机的使用。试验现场布设如图9-7所示。

图9-7 现场布设

变形点及参考点布设如图9-8所示。

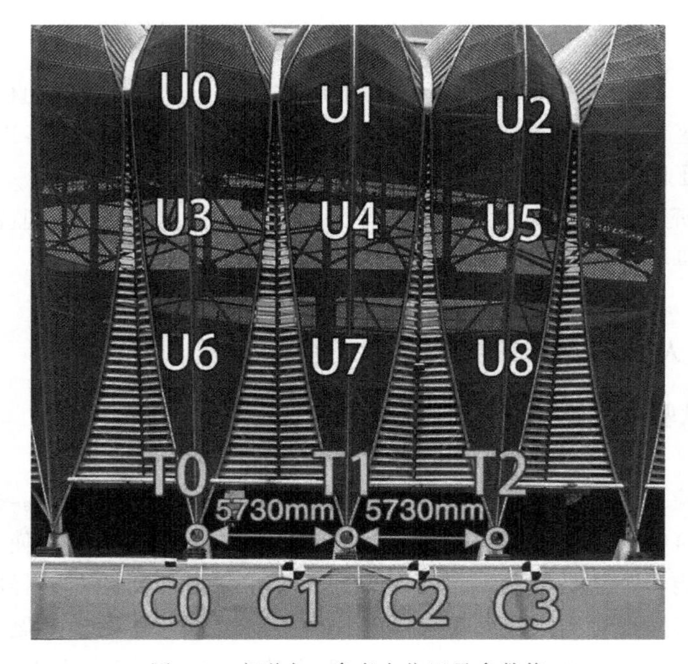

图9-8 变形点、参考点位置及参数值

9.5.3　试验过程

本次试验方式也有两种：一种是定点悬停获取图像信息，另一种是缓慢匀速飞过获取图像信息。

然后将获取的信息导入计算机，采用和数码相机变形监测信息相同的处理方式进行处理。

9.5.4　试验结果及分析

本次试验的结果如图 9-9～图 9-11 所示。

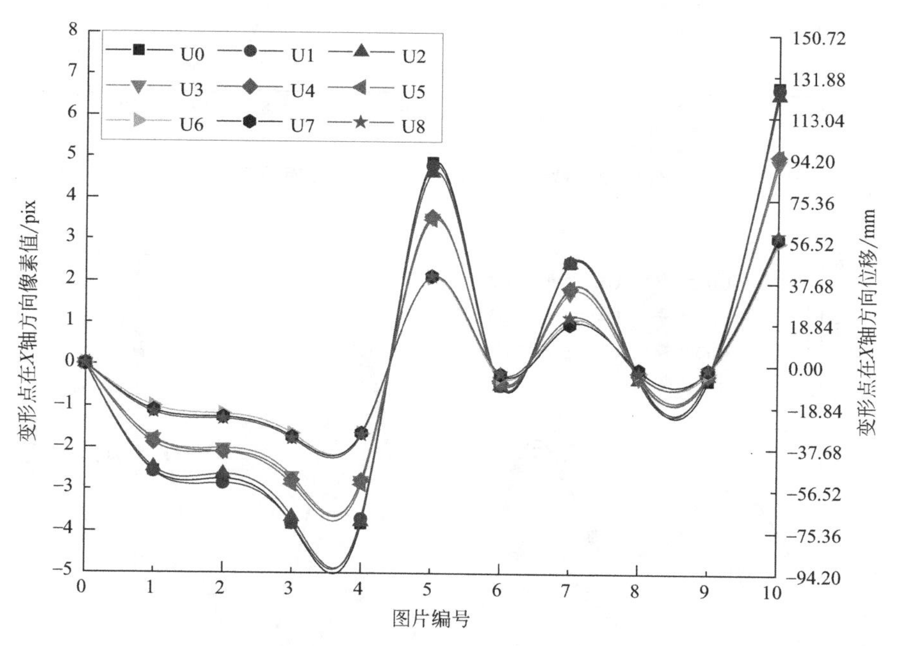

图 9-9　被监测点在 X 方向上的相对位移

由变形图可知，被监测建筑物始终处于动态变形状态中，且弹性性能良好，同一高度的被监测点，其变形趋势相同，变形值的大小与被监测点的高度呈正相关。从弹性趋势和变形规律的角度看，被监测结构是健康的。

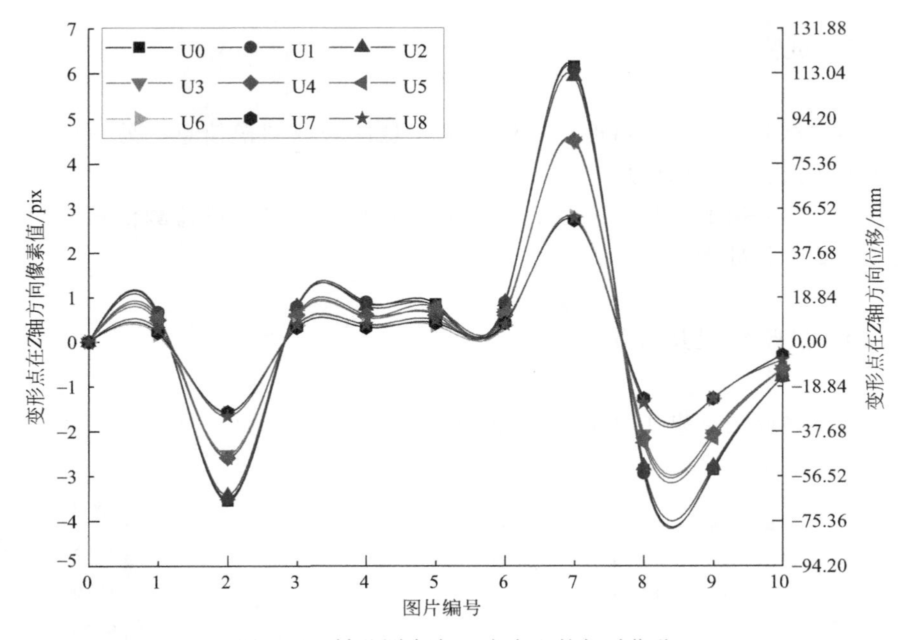

图 9-10 被监测点在 Z 方向上的相对位移

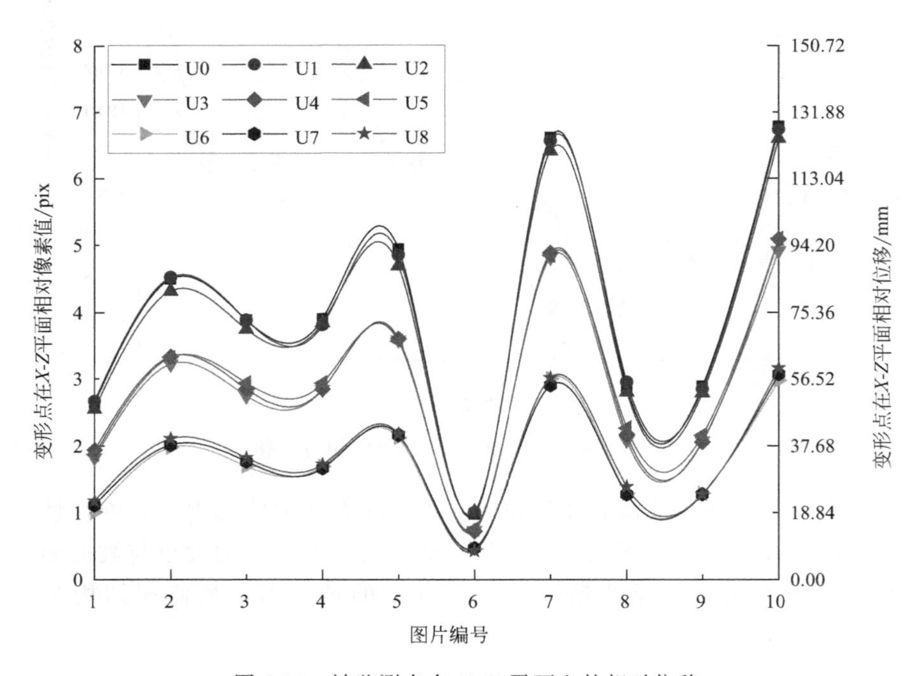

图 9-11 被监测点在 X-Z 平面上的相对位移

市场化篇

第十章

市场化

10.1 市场分析

一项好的技术只有应用于市场，产生效益才能真正发挥它的价值。我们除了潜心研究技术外，还不断尝试该套变形监测信息系统和市场应用结合的方式，并对此进行了一些市场调查。

10.1.1 市场前景

根据建筑结构及工程归属单位的不同，将市场项目细分为桥梁、高层建筑和其他，如油罐、风力发电机、大型娱乐设施等。桥梁是交通工程的重要组成部分，桥梁的建设与维护是国家基础设施建设的重要组成部分。据统计，在济南市区中已登记在册的城市桥梁共 534 座，其中高架桥、立交桥等大型桥梁 13 座，中小型桥梁 521 座；在青岛市区中已登记的桥梁共 512 座，其中大型桥梁 11 座，中小型桥梁 501 座。

高层建筑从工程施工到竣工，以及建成后的运营期间都要不断地对建筑物进行监测，以便掌握建筑物变形的一般规律，及时发现问题并分析原因，及早采取措施，保证高层建筑的安全。2013 年 12 月，济南市超过 10 层的住宅建筑和超过 24m 高的高层建筑达到 4256 栋，其中高层住宅建筑 2713 栋，高层公共建筑有 1543 栋；青岛市的高层建筑共有 3987 栋，高层住宅为 2623 栋，高层公共建筑有 1364 栋。其他的设施，如大型娱乐设施、油罐群、风力发电设备等，也需要定期对其进行变形监测，这些也是这套系统应用方面的潜在市场。

国家支持高科技产业发展，如济南市“科技十一条”正是鼓励高新科技创业，为科技的转化提供一个良好的环境。

对于变形监测市场的发展趋势及国内的市场的需求来看，对于第三方监测市场的放开是必然的趋势，这对于这套系统以后市场的开拓是非常有利的。

10.1.2 政策约束

《工程测量规范》《建筑变形测量规范》《城市桥梁工程施工与质量验收规范》等行业规范中明确提到变形监测是施工安全和运营安全必不可少的内容。例如，桥梁运营期的变形监测每年必须进行至少一次的安全监测，并在特殊气候灾害发生时增加监测频率。

虽然国内建筑工程第三方安全监测市场尚未放开，为完善建筑工程监管机制，与国际市场接轨，逐步有计划地放开第三方监测市场是必然趋势。

10.2 当前市场监测状况

当前市场监测状况如表10-1所示。

表10-1 当前市场监测状况

技术方法	仪器	作业条件	达到标准	分析速度	测量成本
大地测量法	经纬仪、全站仪、水准仪等	条件苛刻	静态、单点	1周左右	较低
GPS监测法	GPS接收机等	条件严格	静态和动态、有限点	2天左右	较高
光学三维测量法	激光扫描仪等	条件较严格	静态和动态、多点	2天左右	很高
传统数字近景摄影测量法	专业摄影机、外部接收设备等	条件较严格	静态、单点	2天左右	较高
本书提出变形监测技术	数码相机、笔记本电脑	全天候	静态和动态、多点、瞬间	15分钟	低

大地测量法通过光学或电子仪器（经纬仪、全站仪、水准仪等），该方法监测速度慢，无法在短时间完成多个变形点的动态监测；受现场条件的

限制，在某些空间狭小，光线不足的情况下无法完成作业。GPS监测法的不足在于观测点数量有限，每个观测点都需要布设接收机，测量成本较高，无法实现室内或地下作业。光学三维测量法主要有激光扫描法，该方法依赖于专门的设备，而这些设备都比较昂贵。而传统的数字近景摄影测量法需要专业的摄影机、外部接收设备等，对于现场测量的条件要求也比较严格，并且无法完成多点、动态的监测，测量成本也较高。

10.3 可提供的服务方式

本书介绍的变形监测信息系统可提供的服务方式有：

(1) 现场测量

到指定测量地点进行测量，并根据现场测量结果得出具体的测量分析报告。

(2) 技术咨询

用编制的软件进行算法的实现和三维激光进行扫描数据分析，得到变形信息后，给客户提供咨询服务和技术指导。

(3) 监测服务

监测服务可确保相关产品能够有效进行测试、检查、监控工作，以及对所需要的专用仪器仪表进行维护。

(4) 培训服务

培训操作和维修人员。培训内容主要是讲解产品工作原理，帮助用户掌握操作技术和维护保养常识等，并且提供相应的实际操作训练等。

(5) 新技术的更新和软件的开发

进一步开发更加精准快捷的软件和技术，提高监测的精度和效率。

10.4 未来展望

随着智能化时代的到来，各种智能设备层出不穷。例如，数码相机清晰度不但越来越高，而且还可以连通无线网络将拍摄信息实时传输到计算机中，这一技术的实现更有利于实时监测建筑物的健康状况。

另外，现阶段各种智能掌上设备功能也越来越成熟，一款高端智能手机或者掌上平板电脑自带拍摄功能，在近距离也可以代替数码相机来使用，而这些智能设备本身也可以高速运行一款图像处理软件。所以，如果将来尝试使用这样的智能设备，将我们的信息系统编写成可在智能设备上运行的 APP 软件，将会更加简化这套建筑安全监测系统的操作，使得这项技术可以随时随地应用到各种建筑的健康监测中，为人类健康安全提供有力保障。

摄影无人机也将会起到越来越重要的作用。摄影无人机操作灵活，可以升高到理想位置，并可定点悬浮采集变形图像，这样就解决了数码相机及智能手机不能保证近距离图像采集的缺点。

该变形监测信息系统将进行更多的尝试，也会吸引更多人参与到这项工作中来，希望将来成为真正的商业应用，更好地发挥它的功能。

参考文献

[1] 冯文灏．数码相机实施摄影测量的几个问题［J］．测绘信息与工程，2002，27（3）：3-5.

[2] 王士玉．数字摄影测量的发展现状与趋势研究［J］．科技创新导报，2008，12：68-70.

[3] 于承新，全锦，李福柱，等．近景摄影观测钢结构挠度变形的实验研究［J］．山东建筑大学学报，2000，15（02）：22-24.

[4] 于承新，张向洞，牟玉枝，等．直接线性变换法在变形测量中的应用研究［J］．山东建筑大学学报，2002，3：23-28.

[5] 李英民，韩军．ANSYS 在砌体结构非线性有限元分析中的应用研究［J］．重庆建筑大学学报，2006，28（5）：90-96.

[6] 叶海翔，肖锋，孙晓兵，等．当代摄影测量的发展与定位［J］．河南测绘，2008，87（1）：16-20.

[7] 孟祥丽，周波，程俊延，等．基于数字近景摄影测量的若干关键技术研究［J］．计算机测量与控制，2008，16（9）：1237-1239.

[8] 林君建．摄影测量学［M］．北京：国防工业出版社，2005.

[9] 李海启，郭增长，乐平，等．数字近景摄影在建筑物变形监测中的应用［J］．地理空间信息，2009，7（4）：117-119.

[10] 冯文灏．近景摄影测量［M］．武汉：武汉大学出版社，2002.

[11] 程效军，胡敏捷．数字相机畸变差的检测［J］．测绘学报，2002，31（增刊）：113-117.

[12] 权铁汉，于起峰．摄影测量系统的高精度标定与修正［J］．自动化学报，2000，26（6）：748-755.

[13] 魏明果，刘德富，等．基于普通数码相机全数字摄影测量的理论与方法［J］．大坝观测与土工测试，2000，24（3）：51-54.

[14] 刘声扬．简支砌体结构［M］．武汉：武汉工业大学出版社，1992.

[15] 王保丰．计算机视觉中基于多照片的同名点自动匹配［J］．测绘科学技术学报，2006，23（6）：451-453.

[16] 翟履谦，李少甫．钢结构［M］．北京：地震出版社，1991.

[17] 刘声扬．钢结构［M］．武汉：武汉工业大学出版社，1992.

[18] 周绥平．钢结构［M］．武汉：武汉工业大学出版社，1997.

[19] 陈元琰，张晓竞．计算机图形学实用技术［M］．北京：科学出版社，2000.

[20] ［美］Jon Bates，［美］Tim Tompinks. 实用 Visual C+ + 6. 0 教程［M］．何健辉，董方鹏，等，译．北京：清华大学出版社，2000.

[21] 王赫．建筑工程质量事故分析［M］．北京：中国建筑工业出版社，2000.

[22] 李德仁，关泽群．空间信息系统的集成与实现［M］．武汉：武汉测绘科技大学出版社，1995.

[23] 丁窘锎，张松波，刘友光．工程与工业摄影测量［M］．武汉：中国地质大学出版社，1995.

[24] 冯文灏．近景摄影测量的控制［J］．武汉测绘科技大学学报，2000，25（5）：451-457.

[25] 魏明果，刘德富，王仁明，等．基于普通数码相机全数字摄影测量的理论与方法［J］．大坝观测与土工测试，2000，24（3）：51-54.

[26] 黄桂兰，Bruce King. 倾斜、交向近景影像的处理方法［J］．测绘通，1998，9：17-19.

[27] Huang Y D. 用装在全站仪上的数字相机进行城区测量——通过地面摄影测量获取三维影像［J］．测绘通报，1998，9：42-43.

[28] 摄影测量的回顾与展望——阿克曼谈今日摄影测量［J］．测绘通报，1998，3：39-42.

[29] 王兴文，李德仁．摄影空间中摄影测量基本几何关系式的建立［J］．武汉测绘科技大学，1999，24（3）：224-228.

[30] 冯文灏，李建松，李欣，等．用于工业部件放样与检测的特高精度工业测量三维控制网的建立［J］．测绘学报，2000，29（4）：362-368.

[31] 王红梅，钱育华，朱振海，等．船行波的近景摄影测量及其模型［J］．测绘学报，1999，28（4）：360-364.

[32] 刘海原．利用直接线性变换模型对 SPOT 图像进行精纠正［J］．武测译文，1997，1：13-21.

[33] 冯文灏，李欣，高新乔．近景摄影测量的标志与坐标传递件［J］．测绘信息与工程,2000，3：20-24.

[34] 朱家钰，景海涛，李正中．TDR 三维工业测量系统的开发与研究［J］．测绘学报 1999，28（1）：67-70.

[35] 谈新权，梅晓英．高分辨率 CCD 图像传感器及 CCD 摄像机的性能评价［J］．光学技术，1999，1：70-72.

[36] 周平槐．砌体结构在地震作用下的倒塌模拟与分析［J］．浙江建筑，2009，26（8）：29-30.

[37] 冯其强，阎晓东，安海峰．数字近景摄影测量中人工标志点快速自动匹配［J］．测绘科学技术学报，2008，25（1）：32-34.

[38] 黄桂平．数字近景摄影测量关键技术研究与应用［D］．天津：天津大学，2005.

[39] 智长贵，范文义．空间前方交会中外方位元素误差对测量立木高度的影响［J］．东北林业大学学报，2007，35（6）：86-87，91.

[40] 王俊特．从汶川震害浅谈我省闽南农村地区砌体房屋结构的抗震能力［J］．福建建筑，2009，133（7）：52-56.

[41] 王余鹏，张波，张业民．汶川地震对今后建筑设计及施工的启示［J］．山西建筑，2008，27：35-37.

[42] 丰定国，王社良．抗震结构设计［M］．武汉：武汉理工大学出版社，2000.

[43] 张祖勋．数字摄影测量的发展与展望［J］．地理信息世界．2004，2（3）：1-5.

[44] 邢帅．多源遥感影像配准与融合技术的研究［D］．郑州：解放军信息工程大学，2004.

[45] 鲍东东，丁克良．基于 android 移动端的自动化变形监测系统的设计与实现［J］．测绘工程，2020，29（2）：36-41.

[46] 陈明志，刘苏，王胜．利用近景数字摄影技术监测砌体结构震动变形过程及数据分析［J］．山东科学，2009，22（3）：53-56.

[47] 余腾，胡伍生，焦明连，等．基于 Android 智能终端的实时地铁变形监测系统软件设计［J］．测绘通报，2017（6）：98-104，121.

[48] 柴敬，欧阳一博，张丁丁．基于智能手机和数字图像相关的模型实验变形场测量标点法

[J]. 科学技术与工程，2020，20(12)：4665-4670.

[49] 马争锋，青志. 智能手机在路面变形测量中的应用[J]. 青海大学学报，2019，37(05)：90-96.

[50] 周炳章. 砌体结构抗震的新发展[J]. 建筑结构，2002,32(5)：69-72.

[51] Yu C, Chen M, Chen M, et al. Study and Prospect on Integrated Multi-technology in Logistics[C]. IEEE International Conference on Automation and Logistics, 2007.

[52] Yu C, Li Z, Na X, et al. Study and Prospect Vision and Robot Control Technology in AS/RS[C]. IEEE Internation Conference on Automation and Logistics, 2007.

[53] Frank A, Heuvel V D. 3D Reconstruction from a Single Image Using Geometric Constraints[J]. ISPRS Journal of photogrammetry & Remote sensing, 1998, 53(1998): 354-368.

[54] Ji Q, Costa M S. A Robust Linear Least-squares Estimation of Camera Exterior Orientation Using Multiple Geometric Features[J]. ISPRS Journal of Photogrammetry & Remote Sensing, 2000, 55: 75-93.

[55] Chen M Z, Yu C X, Xu N, et al. Application Study of Digital Analytical Method on Deformation Monitor of High-rise Goods Shelf[C]. 2008 IEEE International Conference on Automation and Logistics, 2008.

[56] Chen M Z, Zhao Y Q, Hai H, et al. Exploring of PST-TBPM in Monitoring Dynamic Deformation of Steel Structure in Vibration[J]. Earth and Environmental Science, 2018, 108(2), 022047 doi: 10. 1088/1755-1315/108/2/022047.

[57] Yu C X, Zhang G J, Zhao Y Q, et al. Observing Bridge Dynamic Deflection in Green Time by Information Technolog[J]. Earth and Environmental Science, 2018, 108(2), 022064 doi: 10. 1088/1755-1315/108/2/022064.

[58] Chen M Z, Zhang G J, Yu C X, et al. Research on the Application of an Information System in Monitoring the Dynamic Deformation of a High-Rise Building[J]. Mathematical Problems in Engineering, 2020, doi: 10. 1155/2020/3714973.